于漪　主编

"青青子衿"传统文化书系

修身养性

王希明　编著

山西出版传媒集团

山西教育出版社

图书在版编目（CIP）数据

修身养性/王希明编著. —太原：山西教育出版社，2016. 5（2022.6 重印）
（"青青子衿"传统文化书系/于漪主编）
ISBN 978-7-5440-8342-3

I. ①修… Ⅱ. ①王… Ⅲ. ①中华文化-通俗读物 Ⅳ. ①K203-49

中国版本图书馆 CIP 数据核字（2016）第 065501 号

修身养性
XIUSHEN YANGXING

责任编辑	康　健	
复　　审	邓吉忠	
终　　审	郭志强	
装帧设计	薛　菲　孟庆媛	
印装监制	蔡　洁	

出版发行　山西出版传媒集团·山西教育出版社
　　　　　（太原市水西门街馒头巷 7 号　电话::0351-4729801　邮编：030002）

印　　装	北京一鑫印务有限责任公司	
开　　本	889×1194　1/32	
印　　张	7.75	
字　　数	166 千字	
版　　次	2016 年 5 月第 1 版　2022 年 6 月第 2 次印刷	
印　　数	8 001—11 000 册	
书　　号	ISBN 978-7-5440-8342-3	
定　　价	48.00 元	

如发现印装质量问题，影响阅读，请与印刷厂联系调换。电话：010-61424266

序言

文化是民族的血脉，是人的精神家园。

一颗没有精神家园的心灵，就会浮游飘荡，既不可能潜心思考自己生命的意义与价值，也不可能对他人有真挚的情感关切，更不可能对社会有发自肺腑的责任感。

中华传统文化源远流长，其中的优秀遗产熔炼着中华民族最深层的精神追求，代表着中华民族独特的精神标志，为中华民族生生不息发展壮大提供了丰厚滋养。她哺育了一代代中华优秀儿女，支撑他们成为中国的脊梁。

成长中的青少年认真汲取其中的精华和道德精髓，就会长智慧，明方向，增力量，懂得自己根在何处，魂在何方。经典浩在时间的深处；价值追求，在文字海洋里奔腾。《"青青子衿"传统文化书系》助你发现其中蕴含的优秀文化基因，探寻当下时代的使命，让您有渴饮琼浆的快乐，醍醐灌顶的惊喜。

于漪 二○15年岁末

前　言

　　人类社会中的每一个个体，不管处在何种民族、何等地域，总有提升自我素养的需求。修身养性的目的便在于满足此种需求。修身养性是中国传统文化中的重要内容，在儒家的"修身、齐家、治国、平天下"的体系中，更是处于起点和基础的位置。

　　广义的修身养性其实包含两方面的内容：一是提升自己在生存及发展中的竞争力，二是提升自己的道德品质使之无限接近于某种理想人格。前者可以说是"才"的提升，后者则可以说是"德"的修行。本民族的文化中，在修身养性方面更看重后者，以"进德"为核心，致力于协调身体与心灵、人与自我、人与他人、人与自然之间的关系。

　　本民族的文化中，思想流派众多，而儒家、道家、佛教最具影响，所以有儒、释、道"三教"的说法。这三家都重视个人的修养，而又各有特色。儒家强调个体与社会之间的关系，以学习与内省为方法，以"圣人"为理想人格。佛教的"戒定慧"三学中，强调以戒律为基础，清净内心，达到"觉悟"的境界，同时又提倡"慈悲"精神。道家在修身养性方面视追逐富贵为对天性的戕害，倡导随性自然，追求自由逍遥，对传统的士人精神乃至民间观念都造成了极大的影响。本书分别选取了三家关于修身养性的思想及实例，总计八十篇，分为三编八章。第一编以儒家为主，第二编以佛教为主，第三编则主要体现道家的思想观念。

值得注意的是，儒、释、道三家的思想在长期的发展历程中，一直都在互相融会。唐宋之后更是有明显的"三教合一"倾向。因而有的思想并不能认定是哪一家独有，本书将之归入某一家，往往只是因为其在这一家的理论中体现得更明显些。另外，儒、释、道三家关于修身养性的学说内容非常丰富，限于体例和篇幅，本书节取的只是其中极其有限的几个侧面。

当前的社会虽然已经和传统社会迥然不同，但是不能因此就全盘否定本民族的文化传统。我们只要谨守"取其精华，去其糟粕"的原则来对待，那么传统文化中的修身养性的思想乃至具体的操作方法，对我们仍有宝贵的启发意义。藉由阅读一些生动的修身故事，读者可以在不知不觉中提升自己的古文能力，了解历史上的典故传说，获取提升自我的理论和方法，同时还能够增强对本民族文化的认同感，思考在当前时代背景下如何维系和重建自己文化身份的问题。本书编写的目的也正在于此。

本书所采用的资料多来自史籍和类书，注解和阐释的难度较大。限于自身水平，或有错讹。不当之处，恳请读者和专家不吝指正。

王希明　于沪上梦观园

目录

第二章 尊师重教

第三章 学而不厌

第四章 内省自新

第二编 自律与奉献

第一章 以戒为师

第三编　超脱与随性

第一章　不慕荣利

第二章　法天贵真

第一编 勤学与改过

第一章 安贫乐道

一 忧道不忧贫

【原文选读】

子曰:"君子食无求饱,居无求安,敏于事而慎于言,就^①有道^②而正^③焉,可谓好学也已。"

（《论语·学而》）

子曰:"士志于道,而耻④恶衣恶食者,未足与议也。"

(《论语·里仁》)

子曰:"君子谋道不谋食。耕也,馁⑤在其中也;学也,禄⑥在其中矣。君子忧道不忧贫。"

(《论语·卫灵公》)

子贡⑦曰:"贫而无谄⑧,富而无骄,何如⑨?"子曰:"可也;未若贫而乐,富而好礼者也。"

(《论语·学而》)

子曰:"饭⑩疏食⑪,饮水,曲肱⑫而枕之,乐亦在其中矣。不义⑬而富且贵,于我如浮云。"

(《论语·述而》)

子曰:"贤哉回⑭也!一箪⑮食,一瓢饮,在陋巷,人不堪⑯其忧,回也不改其乐。贤哉回也!"

(《论语·雍也》)

注释:

①就:靠近。

②有道:指有学问、有道德的人。

③正:匡正。

④耻:以……为耻,把……看作耻辱。

⑤馁(něi):饥饿。

⑥禄:做官的俸禄。

⑦子贡:孔子的学生,姓端木,名赐,子贡是他的字,卫国人,有辩才。

⑧谄(chǎn):巴结、奉承。

⑨何如:"如何"的倒装形式,怎么样。

⑩饭:吃。

⑪疏食:粗粮。

⑫曲肱(gōng):弯着胳膊。

⑬不义:干不正当的事。

⑭回:颜回,孔子最得意的学生,字子渊,鲁国人。

⑮箪（dān）：古代盛饭用的竹器。

⑯堪：能够忍受。

【文意疏通】

以上各则的意思分别是：

孔子说："君子饮食不求饱足，居住不要求舒适，做事勤劳敏捷，说话却很谨慎，到有学问、有道德的人那里去匡正自己，这样可以说是好学了。"

孔子说："读书人有志于（学习和实行圣人的）道理，但又以自己吃粗粮穿破衣为耻辱，对这种人，是不值得与他谈论道的。"

孔子说："君子只谋求大道，不谋求衣食。耕田，可能挨饿；学习，可以得到俸禄。君子只担心不能推行大道，不担心自己会贫穷。"

子贡说："贫穷却能不巴结奉承别人，富有却不骄傲自大，怎么样？"孔子说："这也算可以了。但是还不如虽贫穷却能乐道，虽富裕而又好礼的人。"

孔子说："吃粗粮，喝白水，弯着胳膊当枕头，乐趣也就在这中间了。通过干不正当的事情得来的富贵，对于我来讲就像是天上的浮云一样（不属于我，与我无关）。"

孔子说："颜回的品质是多么高尚啊！一竹筐饭，一瓢水，住在简陋的小屋里，别人都忍受不了这种穷困清苦，颜回却没有改变他好学的乐趣。颜回的品质是多么高尚啊！"

【义理揭示】

勤学的根本目的是什么？是追求"道"。所以，君子要专注于"道"而非"贫"。有了这样的志向，自然会看淡物质上的享受，即使在贫困中也能获得乐趣，这就是"安贫"。孔子粗茶淡饭的乐趣，颜回箪食瓢饮的乐趣，都在于精神上对"道"的追求，而非物质上的享受，这就是"乐道"。

二 原宪居鲁

【原文选读】

原宪①居鲁，环堵之室②，茨以生草③，蓬户不完④，桑以为枢⑤而瓮牖⑥，二室⑦，褐以为塞⑧，上漏下湿，匡坐⑨而弦歌。子贡乘大马，中绀而表素⑩，轩车不容巷⑪，往见原宪。原宪华冠𫃻履⑫，杖藜⑬而应门⑭。子贡曰："嘻！先生何病？"原宪应之曰："宪闻之，无财谓之贫，学而不能行谓之病。今宪贫也，非病也。"子贡逡巡⑮而有愧色。原宪笑曰："夫希世⑯而行，比周⑰而友，学以为人，教以为已，仁义之慝⑱，舆马之饰，宪不忍为也。"

(选自《庄子·让王》)

注释：

①原宪：字子思，孔子弟子。

②环堵之室：四周墙各一丈的矮小屋子。堵，一丈的墙。

③茨（cí）以生草：用青草盖屋顶。生草，青草。茨，用草来盖屋顶。

④蓬户不完：门用蓬草编成，并且已经不完整了。

⑤枢：门轴。

⑥瓮牖（wèng yǒu）：用破瓮做窗子。牖，窗户。

⑦二室：把室分隔为两部分，夫妻各一室。

⑧褐以为塞：用粗布衣服堵漏洞。褐，粗布衣。

⑨匡坐：端端正正地坐着。匡，正。

⑩中绀（gàn）而表素：白色衣服衬着青红色里子。绀，青红色。

⑪不容巷：轩车很大，街巷容纳不了。

⑫华冠縰（xǐ）履：帽子是用桦树皮做的，鞋子没有跟。

⑬杖藜：拄着藜杆做成的拐杖。藜，一种草本植物，茎可做杖。

⑭应门：应声开门。

⑮逡（qūn）巡：进退迟疑的样子。

⑯希世：迎合世俗。

⑰比周：结党营私。

⑱慝（tè）：奸邪，邪恶。

【文意疏通】

原宪住在鲁国，屋里周围都被杂物堵满了，用茅草和泥盖的屋顶也长出了草，用草和树枝搭成的门户都破烂不完整了，用桑树条作门轴拿破瓮做窗子，分隔成两个居室，用粗布衣服堵漏洞，一下起雨来屋顶漏雨，地上潮湿，他却端坐着弹琴唱歌。子贡乘着大马而来，穿着素白的衣服衬着青红色的内里。巷子太小，容不下子贡的大车子，他就走去见原宪。原宪戴着桦皮帽，穿着无跟草鞋，拄着藜杆手杖应声开门。子贡说："唉！先生你有什么病呢？"原宪回答他说："我听说，没有钱财叫做贫，学了道理而不能实践叫做病。现在我是贫，不是病。"子贡进退两难，面有愧色。原宪笑着说："要是迎合世俗而行事，结党营私来交朋友，为了炫耀于人而学习，为了显扬自己而教人，假借仁义的名义做奸邪的事，关注装饰自己的车马，我不忍心做这样的事。"

【义理揭示】

这则故事特意将子贡的富与原宪的贫作对比，以子贡最终的羞愧来表示对原宪的肯定。原宪的意思是学习儒家之道就要推行，而迎合世俗追求富贵，这种曲学阿世的行为不是君子应该做的。原宪能做到"贫而乐"，就在于他能够坚守自己心中的"道"。

三 叔向贺贫

【原文选读】

叔向①见韩宣子②，宣子忧贫，叔向贺之。宣子曰："吾有卿之名而无其实，无以从二三子③，吾是以忧，子贺我，何故？"

对曰："昔栾武子④无一卒之田⑤，其官不备其宗器⑥，宣其德行，顺其宪则⑦，使越于诸侯。诸侯亲之，戎狄怀⑧之，以正晋国。行刑不疚⑨，以免于难。及桓子⑩，骄泰奢侈⑪，贪欲无艺⑫，略则行志⑬，假贷居贿⑭，宜及于难，而赖武之德以没其身⑮。及怀子⑯，改桓之行，而修武之德，可以免于难，而离桓之罪⑰，以亡⑱于楚。夫郤昭子⑲，其富半公室⑳，其家半三军㉑，恃其富宠，以泰于国。其身尸于朝，其宗灭于绛㉒。不然，夫八郤，五大夫，三卿㉓，其宠大矣，一朝而灭，莫之哀也，唯无德也。今吾子㉔有栾武子之贫，吾以为能其德㉕矣，是以贺。若不忧德之不建，而患货之不足，将吊不暇，何贺之有？"

宣子拜，稽首焉，曰："起也将亡，赖子存之，非起也敢专承之㉖，其自桓叔㉗以下，嘉吾子之赐。"

（选自《国语·晋语》）

注释：

①叔向：春秋晋国大夫羊舌肸（xī），字叔向。

②韩宣子：名起，是晋国的卿。卿的爵位在公之下，大夫之上。

③无以从二三子：没法跟晋国的卿大夫交往。二三子，指晋国的卿大夫。

④栾武子：晋国的卿。

⑤一卒之田：一百顷田。古代军队编制，一百人为"卒"。

⑥宗器：祭器。

⑦宪则：法则。

⑧怀：归附。

⑨行刑不疚：栾武子曾经弑晋厉公，却因家贫德高，而不被责难，免于遭受祸患。

⑩桓子：栾武子的儿子。

⑪骄泰：骄慢放纵。泰，骄纵，傲慢。

⑫艺：度。

⑬略则行志：违反法纪，任意妄为。

⑭假贷居贿：靠借贷牟取财产。贿，财产。

⑮而赖武之德以没其身：但是依靠父亲栾武子的德望，终生没有遭到祸患。没，死。

⑯怀子：桓子的儿子。

⑰离桓之罪：因为父亲桓子的罪恶而遭罪。离，通"罹"，遭到。

⑱亡：逃亡。

⑲郤（xì）昭子：晋国的卿。

⑳其富半公室：他的财富抵得过半个晋国。公室，指国家。

㉑其家半三军：郤家人占据了晋国三军中一半的将帅职位。

㉒其身尸于朝，其宗灭于绛：他的尸体摆在朝廷上示众，他的宗族在绛这个地方被灭绝。

㉓八郤，五大夫，三卿：郤家八人，其中有五个大夫，三个卿。

㉔吾子：对人的尊称。

㉕能其德：能够具有像他一样的德行。

㉖专承：一个人来承受。

㉗桓叔：韩氏的先祖。

【文意疏通】

叔向去拜见韩宣子，韩宣子正为贫困发愁，叔向却祝贺他。宣子说："我有卿的虚名，却没有卿的财富，没办法跟其他的卿大夫们交往，我因此发愁，你却祝贺我，这是什么缘故呢？"

叔向回答说："从前栾武子没有一百顷田地，家里穷得连祭器都备办不齐；他却传扬德行，遵循法则，名闻于诸侯。各诸侯国都亲近他，少数民族都归附他，以此治理晋国，执行法令没有弊端，因而避免了厉公之事的灾祸。到了他儿子桓子，骄傲放纵，奢侈无度，贪得无厌，违反法纪，任意妄为，靠放贷聚财，该当遭到祸难，但依靠父亲栾武子的德望，终生没有遭难。怀子改变父亲桓子的行为，学习他祖父武子的美德，本来可以免除灾难；可是因为父亲桓子的罪恶而遭罪，逃亡到楚国。再看那个郤昭子，他的财产抵得上晋国公室财产的一半，他家的人占据了晋国三军中一半的将帅职位，他倚仗自己的财富权势，在晋国骄纵傲慢。最终他的尸体被放在朝廷上示众，他的宗族在绛这个地方被灭绝。若不是这样，郤家八人，五个大夫，三个卿，他们的权势够大了，可一旦被诛灭，没有谁会同情他们，就是因为没有德行。现在您有栾武子当初的清贫，我认为你能够具有像他一样的德行，所以来祝贺。如果你不担忧德行没有建立，却担忧财产不足，我表示哀悼还来不及，哪里会来祝贺呢？"

宣子于是下拜叩头说："我韩起就要灭亡的时候，全靠你来救了我。你的恩德不独我一个人承受，恐怕从我的先祖桓叔以下的子孙，都要感谢您的恩赐。"

【义理揭示】

常人总是希望富裕，不愿贫穷。而叔向却因韩宣子的贫穷向他道贺。叔向用了大量的历史事实，说明如果富裕而没有德行，往往会遭到覆灭；如果贫穷而能修养自我，那么就有机会像栾武子一样名闻诸侯。人在贫困中，应该担忧的是"德之不建"，而不应该是"货之不足"。这里所传达的意思类似"忧道不忧贫"。

四 吴隐之有清操

【原文选读】

吴隐之，字处默，濮阳鄄城①人。美姿容，善谈论，博涉文史，以儒雅标名②。弱冠而介立③，有清操，虽儋石无储④，不取非其道⑤。

累迁晋陵太守。在郡清俭，妻自负薪。迁左卫将军。虽居清显，禄赐皆班⑥亲族。冬月无被，尝浣衣，乃披絮⑦，勤苦同于贫庶。

广州包带山海，珍异所出，一箧之宝，可资数世⑧，故前后刺史皆多黩货⑨。朝廷欲革岭南之弊，以隐之为广州刺史。及在州，清操逾厉，常食不过菜及干鱼而已，帷帐器服皆付外库，时人颇谓其矫⑩，然亦终始不易。

及卢循⑪寇南海，为循所得。刘裕⑫与循书，令遣隐之还，久方得反。归舟之日，装无余资。及至，数亩小宅，篱垣仄陋⑬，内外茅屋六间，不容妻子。刘裕赐车牛，更为起宅，固辞。后迁中领军，清俭不革^⑭，每月初得禄，裁留身粮，其余悉分振^⑮亲族，家人绩纺以供朝夕。时有困绝，或并日而食^⑯，身恒布衣不完，妻子不沾寸禄。

（选自《晋书·吴隐之传》，有删节）

注释：

①鄄城（juàn）：地名，在今山东省。

②标名：著名。

③介立：孤高耿介。

④儋（dàn）石：借指少量米粟。儋，一种小口大腹的陶器。

⑤非其道：不合乎道义的。

⑥班：分。

⑦披絮：身披棉絮。因为洗了衣服，又没有替代的衣服可穿，只好身披棉絮。

⑧可资数世：可供人生活数世。

⑨黩货：贪赃。

⑩矫：做作。

⑪卢循：人名，东晋末年地方势力首领。

⑫刘裕：东晋末年大臣。后废东晋恭帝，自立为帝，国号大宋，定都建康。即南朝宋武帝。

⑬篱垣仄陋：篱笆墙逼仄简陋。

⑭革：改变。

⑮振：通"赈"，赈济。

⑯并日而食：两天吃一天的饭。

【文意疏通】

吴隐之，字处默，是濮阳鄄城人。他容貌很美，善于谈论，博

览文史，以儒雅著名。他年少时就孤高耿介，有清正操守，虽然家中没有一点余粮，但绝不拿取不合道义而来的东西。

累次升迁做到晋陵太守。在郡中清廉俭朴，妻子自己出去背柴。后升任左卫将军。虽然身居高官显职，但俸禄赏赐都分给自己的亲戚及族人。冬天没有被子盖。他曾经洗了衣服，没有替换的，只好披上棉絮。他生活勤苦得像贫寒的百姓一样。

广州地区倚山靠海，出产奇珍异宝，一小箱珍宝，可供人生活数世。因此前后刺史大多贪赃枉法。朝廷想要革除岭南的弊病，叫吴隐之做广州刺史。他到了广州，清廉的节操更加突出，经常吃的不过是蔬菜和干鱼，帷帐、用具与衣服等都交付外库办理，当时有许多人认为他做作，然而他却始终不改。

到卢循进攻南海，吴隐之被卢循俘获。刘裕给卢循写信，命令他让吴隐之回来，过了许久吴隐之才得以回京。他乘船返回时，没有装一点多余的资财。回来后，只住数亩地的小宅院，篱笆墙逼仄简陋，内外有六间茅屋，连妻子儿女都住不下。刘裕赐给吴隐之车和牛，又为他修造住宅，他坚决推辞。后来他升任中领军，但清廉俭朴不改，每月初得到俸禄，只留下自己的口粮，其余都分别赈济亲戚、族人，家中人靠纺织以供家用。经常碰到生计上的困难，有时两天吃一天的饭。身上总是穿布制的衣服，而且破旧不堪，妻子儿女一点也享受不到他的俸禄。

【义理揭示】

吴隐之的"清操"在于三点：一是即使穷困，也绝不取不义之财；二是做了清显的高官，自己和家人生活还是非常俭朴，甚至吃不上饭；三是他每月初拿到俸禄，留下自家的口粮，剩下的都拿去赈济自己的亲族。做官清廉、不取不义之财、帮助亲族中人，这些做法都符合儒家提倡的伦理道德。吴隐之可以说是"为道而贫"。

五　白居易的座右铭

【原文选读】

崔子玉《座右铭》①，余窃慕之，虽未能尽行，常书屋壁。然其间似有未尽者，因续为《座右铭》云：

勿慕贵与富，勿忧贱与贫。

自问道何如，贵贱安足云。

闻毁勿戚戚②，闻誉勿欣欣。

自顾行何如，毁誉安足论。

无以意傲物③，以远辱于人④。

无以色求事⑤，以自重其身。

游与邪分歧⑥，居⑦与正为邻。

于中有取舍，此外无疏亲。

修外以及内，静养和与真。

养内不遗外，动率⑧义与仁。

千里始足下，高山起微尘。

吾道亦如此，行之贵日新。

不敢规他人，聊自书诸绅⑨。

终身且自勖⑩，身殁贻后昆⑪。

后昆苟反是⑫，非我之子孙。

（选自唐·白居易《续座右铭》）

注释：

①崔子玉《座右铭》：崔瑗，字子玉，东汉学者、书法家。曾经因为替兄长报仇杀人而亡命天涯，后遇赦而归，作了铭文放在座右自我警诫，所以称为"座右铭"。

②闻毁勿戚戚：听到毁谤不要忧伤。

③以意傲物：因为自己的主观想法看不起别人。物，指人。

④远辱于人：远离他人的侮辱。

⑤以色求事：靠摆出好脸色讨好别人来求得任用。

⑥游与邪分歧：与人交游，要远离奸邪不正派的人。

⑦居：居家，与"游"相对。

⑧率：遵循。

⑨绅：腰带下垂的部分。

⑩勖（xù）：勉励。

⑪身殁（mò）贻后昆：死后留给子孙。殁：死。后昆：子孙。

⑫反是：与此相反。

【文意疏通】

白居易私下对崔子玉的《座右铭》相当仰慕，虽然没能完全实行，但是写在墙壁上来自勉。但他又觉得崔子玉的《座右铭》还不够完备，所以自己续写了这篇。铭文的意思如下：

不要羡慕富贵，不要忧虑贫贱。自己应该问的是道的修养如何，与之相比贵与贱并不值得谈论。听到毁谤不要忧伤，听到赞誉不必沾沾自喜。自己应该做的是检点品行如何，与之相比诋毁或者赞誉并不值得谈论。不要因为自己的主观想法看不起别人，这才能远离他人的羞辱。不要靠摆出好脸色讨好别人来求得任用，这样才

算自重自尊。交友时要远离奸邪的人，在家居住要与正人君子为邻。在这些方面应该有取舍，除此之外没有亲疏之分。修养外在举止和内在道德，静养平和真淳。修养内在而又不忽略外在，仁义的原则一举一动都要遵循。千里的路从脚下第一步开始，高山峻岭由微尘积成。我的修养之道也是这样，实行它贵在日日更新。我不敢拿这些规劝别人，姑且自己写在衣带上。终生拿来自我勉励，死后留给我的后人。后代如果谁违反了这些，他就不是我的子孙。

【义理揭示】

白居易告诫自己应该不慕富贵、不忧贫贱；要坚持心中的道，不因别人的赞美和毁谤而改变；要自尊自重，修养身心；要一点一滴踏踏实实做起，日日有所进步。他不但把这作为座右铭，还要拿来教育自己的子孙。儒家忧道不忧贫的观念，正是因为有无数像白居易这样的士人在继承和发扬，才会形成一种文化传统，绵延不绝以至于今。

六 杜甫心忧天下

【原文选读】

八月秋高风怒号①，卷我屋上三重②茅。茅飞渡江洒江郊，高者挂罥③长林梢，下者飘转沉塘坳④。南村群童欺我老无力，忍能对面为盗贼。公然抱茅入竹去，唇焦口燥呼不得，归来倚杖自叹息。俄顷风定云墨色⑥，秋天漠漠向昏黑。布衾⑦多年冷似铁，娇儿恶卧踏里裂⑧。床头屋漏无干处，雨脚如麻⑨未断绝。自经丧乱

少睡眠，长夜沾湿何由彻⑩！安得广厦千万间，大庇天下寒士俱欢颜⑪，风雨不动安如山。呜呼！何时眼前突兀见此屋⑫，吾庐独破受冻死亦足！

（选自唐·杜甫《茅屋为秋风所破歌》）

注释：

①八月秋高风怒号（háo）：深秋八月，大风长号。秋高：秋深。怒号：大声呼喊，吼叫。

②三重（chóng）：几层。三，泛指多。

③挂罥（juàn）：挂着，挂住。罥，挂。

④坳（ào）：低洼积水的地方。

⑤忍能对面为盗贼：竟忍心这样当面做"贼"。忍能，忍心如此。

⑥俄顷（qǐng）风定云墨色：不久风停了，云变得像墨一样黑。

⑦布衾（qīn）：布质的被子。衾，被子。

⑧娇儿恶卧踏里裂：孩子睡相不好，把被里蹬破了。恶卧，睡相不好。

⑨雨脚如麻：雨点不间断，像下垂的麻线一样密集。

⑩何由彻：怎样熬到天亮。彻，天亮。

⑪大庇（bì）：全部遮盖。庇，遮盖，掩护。欢颜，喜笑颜开。

⑫突兀（wù）见（xiàn）此屋：出现了这样高高的大屋子。突兀，高耸的样子。见，通"现"，出现。

【文意疏通】

深秋八月，狂风怒号，（风）卷走了我屋顶上的几层茅草。茅草乱飞，渡过溪水，散落在对岸江边。飞得高的茅草悬挂在高高的树梢，飞得低的飘飘洒洒沉到池塘和水洼里。南村的一群儿童欺负我年老没力气，竟然忍心这样当面做贼抢东西，公然抱着茅草跑进了竹林去了。我喊得唇干舌燥都无法阻止，回来后拄着拐杖独自叹息。不久风停了，云变得像墨一样黑，天空阴沉迷蒙渐渐黑下来。布被盖了很多年，像铁板似的冰冷坚硬。孩子睡相不好，把被里子蹬破了。床头屋顶漏水，屋内没有一点儿干燥的地方，雨水滴得像麻线一样不断。自从安史之乱后，我睡眠的时间很少，长夜漫漫，屋里湿淋淋的，像这样如何才能熬到天亮！怎样才能得到千万间宽敞高大的房子，把天下贫寒的人都遮盖住，让他们喜笑颜开呢？这样的房子在风雨中毫不动摇，安稳得像山一般。唉！什么时候眼前出现了这样高大的房屋，那时即使我的茅屋被风吹破，我自己受冻死去我也会心满意足的！

【义理揭示】

安史之乱后，杜甫长期颠沛流离，生活困苦。这首诗写大风将他屋上的茅草刮跑，他却在风吹雨打的湿冷中想到了天下的寒士，期望能有给所有受寒者提供庇护的广厦。杜甫在穷困之中，没有纠缠于自己的个人得失，而是超越个人的私利，关注国家命运、民生疾苦。儒家解释"仁"为"爱人"，这样的一种推己及人的博爱，就是杜甫在贫困中固守的"道"。

七 舍弃王位，一心著书

【原文选读】

《乐律全书》，郑恭王厚烷①世子②载堉所撰也。恭王于嘉靖二十七年建言③时政，获罪降为庶人④，发高墙禁锢⑤。世子席藁⑥门

外，具橐饘⑦者二十载。庄皇帝践位⑧初，赦过复爵，由是世子以孝称。又高延陵子臧之节⑨，让国于兄，尤人所难能也。恭王雅⑩善言乐，世子又何文定瑭⑪外孙，学有元本。按律⑫审音，察及铢黍⑬。历辨刘歆、何妥、李照、范缜、陈旸⑭、蔡元定之失。近代若李文利、李文察、刘濂、张敔⑮诸家皆驳⑯其非。河间献王⑰之后，言礼乐者，莫有过焉。

（选自清·朱彝尊《郑世子乐律全书跋》）

注释：

①厚烷：即朱厚烷（wán），明成祖朱棣的六世孙，郑懿王朱祐樿（zhái）的儿子。谥号为"恭"。

②世子：帝王和诸侯的嫡长子。

③建言：提意见。

④庶人：平民百姓。

⑤发高墙禁锢：发，送达。高墙，指牢房。禁锢，囚禁。

⑥席藁：坐在藁席上，指生活非常清苦。藁，指用禾秆编成的席子。

⑦橐（tuó）饘（zhān）：橐，衣囊；饘，粥。

⑧践位：皇帝即位。

⑨延陵子臧之节：把王位让给别人的品格。延陵指延陵季子，春秋时吴王寿梦的儿子，他曾引用曹国的子臧不接受曹人拥立的故事来拒绝王位。

⑩雅：平素。

⑪何文定瑭：即何瑭，谥号为"文定"。

⑫律：指音乐的规则。

⑬铢黍（zhū shǔ）：比喻微小之物。铢，古代很小的重量单位。黍，黄米粒。

⑭陈旸（yáng）：人名。

⑮张敔（yǔ）：人名。

⑯駮（bó）：通"驳"，反驳。

⑰河间献王：即刘德，西汉景帝刘启的儿子，封为河间（今河北河间县一带）王。他推崇儒术，立《毛诗》《左传》博士。死后谥"献"。

【文意疏通】

《乐律全书》的作者是明代的朱载堉（yù），他是恭王朱厚烷的世子。恭王在嘉靖二十七年（1548）上书劝谏当时的皇帝明世宗不要大兴土木、不要崇信道教。明世宗大怒。加上恭王的一个堂叔为争夺王位趁机诬告他，明世宗下令将恭王贬为平民，又派人把他押到凤阳关了十九年。朱载堉为此而痛心，搬出王宫，在城外筑土屋居住，睡草席子，专心攻读经史，钻研音乐理论，这样过了差不多二十年。1567年，明世宗去世，明穆宗即位，大赦天下，恢复恭王王爵。朱载堉随后搬回王宫。1591年，恭王朱厚烷去世。朱载堉不肯继承王位，屡次上书，最终将爵位让给了他的堂兄。恭王朱厚烷平素对音乐就很有研究，朱载堉的外舅祖何瑭精通历学、算学、音律学，他们都对朱载堉研究音乐影响很大。朱载堉对音乐的钻研很深，一点点的不同都能分辨出来。他指出了刘歆、何妥、李照、范缜、陈旸、蔡元定、李文利、李文察、刘濂、张敔等人的错误。河间献王之后，说起礼乐来，没有超过朱载堉的了。

【义理揭示】

英国学者李约瑟在《中国科学技术史》中高度评价朱载堉在《乐律全书》等著作中提出的新法密率（即十二平均律），说这要比欧洲人早数十年。朱载堉因音乐、天文、历法、数学等方面的成就而在中国科学史上占有重要地位。而从儒家的传统观念来看，《论语·泰伯》中说："兴于诗，立于礼，成于乐。"礼乐正是一个士人所要追求的"道"。朱载堉又在《醒世词·平生愿》中写道："种几亩薄田，栖茅屋半间，就是咱平生愿。"可见他放弃王位，一心一意研究音乐，正是对孔子所说的"君子谋道不谋食"精神的身体力行。

八 李二曲隐居读书

【原文选读】

李二曲名容，起自田畯①。尝一就科举②，遂隐居读书，以理学倡导关中，修明横渠、蓝田之教③，当时与孙夏峰、黄梨洲④为三大儒。远近皆重其学行，称二曲先生。父信吾，从明监纪孙兆禄⑤死贼难。家甚贫，母子相依，或一日不再食⑥，或连日不举火⑦。有踵门⑧求见者，力辞不得，则一见之，终不报谒⑨；再至，并不复见。有馈遗者，虽十反⑩，亦不受。

（选自徐柯《清稗类钞》）

注释：

①田畯（jùn）：本指古代管农业的官。这里泛指农民。

②一就科举：去考过一次科举。

③横渠、蓝田之教：北宋张载和吕大忠、吕大防、吕大钧、吕大临四兄弟的学说。张载祖籍大梁（今开封），徙家凤翔郿县（今宝鸡眉县）横渠镇，人称横渠先生。吕氏四兄弟都是蓝田人。

④孙夏峰、黄梨洲：指孙奇逢和黄宗羲。两人均是明末清初思想家。

⑤监纪孙兆禄：监纪为明代官名，孙兆禄为人名。

⑥再食：吃两顿饭。

⑦举火：生火做饭。

⑧踵（zhǒng）门：亲自上门。

⑨终不报谒：始终也不会去回访。报谒：回拜，回访。

⑩十反：往返十次。反，通"返"。

【文意疏通】

李二曲名容，出身于农民家庭。他曾经去考过一次科举，然后就隐居读书了。他在关中地区倡导理学，发扬北宋张载和吕氏四兄弟的学说，当时和孙奇逢、黄宗羲齐名，被称为三大儒。不管远近的人都敬重他的学问德行，称他为二曲先生。他的父亲李信吾，跟从明朝监纪孙兆禄讨贼而死。家中很贫穷，母子相依为命，有时候一天吃不到两顿饭，有时候几天揭不开锅。有亲自上门来见他的人，他极力推辞也推不掉，就见一见，但是始终不会去回访。第二次再来，就绝不相见了。有人要送他东西，即使来回往返送了十次，他也不肯接受。

【义理揭示】

李二曲是清朝初年思想家，他隐居读书，家中非常贫困。但他却断绝交游，不接受别人的馈赠，一门心思倡导理学。理学是指宋朝以后的新儒学，以张载、二程（程颢、程颐）兄弟、朱熹、陆九渊等人为代表。明代王阳明又倡导"心学"。李二曲继承和发扬了张载、朱熹、王阳明的学说。北宋儒学家张载将儒者为学宗旨概括

为"为天地立心，为生民立命，为往圣继绝学，为万世开太平"，这就是著名的横渠四句。李二曲安于贫困的一生，可以说是努力实践这一宗旨的一生。

九　吴廷栋清操绝俗

【原文选读】

　　吴彦甫少寇廷栋①幼时欲著好衣，又欲以功名显②，太夫人③训之曰："人以衣服爱汝慕汝，是汝徒以衣服重④矣。功名者，傥来⑤之物，无学以济⑥之，何贵乎功名耶？"吴恍然曰："儿知之，天爵⑦为贵。"太夫人曰："然。"

　　邻有质库⑧，吴尝嬉戏其中，司事⑨某欲试之，闻吴来，以碎金散置于地，自匿⑩帐中。吴入门，见之，即扬声⑪止步，不入。某起，询之，吴谓金在而不见人，脱⑫遗失，岂能自白⑬，某大惊叹。

　　其后扬历⑭中外四十余年，清操绝俗，引疾后，归无一椽⑮，日食不给，处之晏然⑯。时曾文正公国藩⑰督两江，念吴贫，值中秋节，欲以三百金赠之，携以往。晤对⑱良久，微询近状，吴答曰："贫，吾素也，不可干人⑲。"文正唯唯⑳，终不敢出金而去。

（选自徐柯《清稗类钞》）

注释：

　　①吴彦甫少寇廷栋：吴廷栋，字彦甫，号竹如，清朝人。少寇，官名。

　　②以功名显：靠科举功名来显扬名声。

③太夫人：对官员母亲的敬称。

④徒以衣服重：只是靠了衣服被人看重。

⑤傥（tǎng）来：意外得来，偶然得到。

⑥济：助。

⑦天爵：天然的爵位，指高尚的道德修养。因德高则受人尊敬，胜于有爵位，故称。出自《孟子·告子上》："仁义忠信，乐善不倦，此天爵也；公卿大夫，此人爵也。"

⑧质库：当铺。

⑨司事：管事的人。

⑩匿（nì）：躲藏。

⑪扬声：高声。

⑫脱：假如。

⑬自白：自己辩解清楚。

⑭扬（yáng）历：仕宦经历。

⑮一椽（chuán）：一条椽子，借指一间小屋。

⑯晏然：安宁的样子。

⑰曾文正公国藩：即曾国藩，谥文正。

⑱晤对：会面交谈。

⑲干人：向别人求取。

⑳唯唯：恭敬的应答声。

【文意疏通】

　　吴廷栋幼年时想穿好衣服，又想靠科举功名来显扬名声。母亲教育他说："别人因为衣服喜爱你羡慕你，这样你只是靠了衣服被人看重。科举功名，是靠运气意外得来，如果没有学问修养来支撑帮助，那样的功名哪里值得宝贵呢？"吴廷栋恍然大悟说："孩儿知

道了，'天爵'才是可贵的。"他母亲说："对。"

邻近有个当铺，吴廷栋曾在里面玩。有个管事的人想试试他，听到他来了，把一些零钱散放在地上，自己藏在帐子里面。吴廷栋进了门，看见了地上的钱，就停下步子，高声叫唤，不肯进去。管事的人出来，问他为什么不进去。吴廷栋说，如果进去了，钱在地上，又不见别人，假如丢了钱，自己又怎么能辩解清楚。这个管事的人大为吃惊赞叹。

以后他在朝中朝外做官四十多年，有超越世俗的清正品格，因病辞官后，回来没有一间房子，每天的饭都供给不上，但他安然自得。当时曾国藩做两江总督，想到吴廷栋很贫穷，正碰上中秋节，想拿三百两银子送给他，就带着钱去拜访。两人会面交谈了很长时间，曾国藩稍微问问吴廷栋最近的生活状况，吴廷栋回答说："贫穷，本就是我向来的情况。但是我也不能为此向别人有所求取。"曾国藩只是附和着答应，最终还是没敢拿出钱来就离去了。

【义理揭示】

母亲的训诫使吴廷栋懂得了衣服、功名的追求是低层次的，只有孟子说的天爵即"仁义忠信，乐善不倦"，才是最可贵的。以衣服、功名被人看重，自然远远比不上以品行被人看重。吴廷栋的言行，也说明他一直恪守母亲的教诲。他不贪金钱，为官四十多年没有什么财产，在吃不上饭的情形下还是安然自得。甚至连赫赫有名的曾国藩想接济他一下，都最终没敢拿出钱。为何一贫如洗的他有这样的尊严？正是因为他得到了比"人爵"更高层次的"天爵"。

十 不苟求富，不务求贫

【原文选读】

第①南有荒圃，仅小室三四椽②，陶③喜居之。日过北院为马治菊④，菊已枯，拔根再植之，无不活。然家清贫，陶日与马共饮食，而察其家似不举火。马妻吕，亦爱陶姊，不时以升斗馈恤⑤之。陶姊小字黄英，雅善谈，辄⑥过吕所，与共纫绩⑦。陶一日谓马曰："君家固不丰，仆日以口腹累知交⑧，胡可为常！为今计，卖菊亦足谋生。"马素介⑨，闻陶言，甚鄙之，曰："仆以君风流雅士，当能安贫；今作是论，则以东篱⑩为市井，有辱黄花矣。"陶笑曰："自食其力不为贪，贩花为业不为俗。人固不可苟求富，然亦不必务求贫也。"马不语，陶起而出。

（选自清·蒲松龄《黄英》）

注释：

①第：宅子。

②三四椽：三四间。

③陶：陶生，他和姐姐黄英都是菊花成精。

④为马治菊：为马子才种菊花。马子才，故事的主要人物，爱花成癖。

⑤馈恤（kuì xù）：接济。馈，赠。恤，周济。

⑥辄：往往。

⑦纫绩：缝纫织布。绩，把麻搓成线。

⑧以口腹累知交：因为吃饭问题连累朋友。

⑨素介：一向孤高。介，孤高耿直。

⑩东篱：种菊花的园子。语出陶渊明《饮酒》："采菊东篱下，悠然见南山。"

【文意疏通】

马子才住房南面有块荒芜的苗圃，只有三四间小屋，陶生于是很高兴地住在了那里。他每天到北院为马子才照料菊花。菊花枯萎了，他就拔出根来重新栽，全都活了。马家清贫，但陶生每天在他家一同吃饭。马子才察觉陶家似乎不生火做饭。马子才的妻子吕氏，也很喜欢陶生的姐姐，时不时拿一些粮食接济她。陶生的姐姐小名叫黄英，平素善于谈论，常到吕氏那里，一同缝纫纺织。陶生有一天对马子才说："你家本来不富，我因为吃饭问题连累朋友，这样哪里是长久之计。我考虑现在这种情况，卖菊花足可以维持生计。"马子才向来孤高耿直，听到陶生的话，非常鄙视他，说："我以为你是个风流高雅的人，应当能安于贫困；现在你说出这样的话，那是要把高雅的菊花园变成做买卖的市场，侮辱了菊花。"陶生笑着说："自食其力不是贪婪，以卖花为职业不算庸俗。一个人固然不能苟且谋求富裕，但是也不必一定要谋求贫困。"马子才不说话，陶生起身走了出去。

【义理揭示】

这虽是蒲松龄虚构出的故事，但是却讨论了一个真实的、严肃的问题：安贫乐道，是否意味着排斥富裕，故意追求贫困？蒲松龄的意见是，自食其力，通过正常手段得到财富，这是值得肯定的。追根溯源，其实孔子并没有反对富贵，他只是反对不义而富贵。只是由于优越的生活有时候会消磨掉人的心志，而贫穷的生活则往往可以砥砺士节，后世很多人就强调安贫，甚至会主动求贫。其实安贫乐道，重点在于乐道。蒲松龄提出的"不苟求富，不务求贫"引人深思。

文化倾听

儒家的经典《礼记·大学》中说："古之欲明明德于天下者，先治其国；欲治其国者，先齐其家；欲齐其家者，先修其身。"修身是儒家学说的根本所在。而修身要从勤学做起，所以《论语》中的第一句就是"学而时习之"。

但是勤学的目的到底是什么？是为了求"道"。所以孔子说："朝闻道，夕死可矣。"（《论语·里仁》）孔子还说："君子不器。"（《论语·为政》）意思是说君子不像器具那样，作用仅仅限于现实功利的方面。"器"的概念与"道"的概念形成对比，"士志于道"就是对"君子不器"的补充说明。"器"仅仅是现实的作用，而"道"则意味着精神上的文化层面的追求，两者的境界不同。

由这一点，生发出对"道"和"富"的取舍，"忧道不忧贫""谋道不谋食"。君子追求的是形而上的、精神上的"道"，现实的物质条件并不重要。因此，孔子认为"君子食无求饱，居无求安"，能够"就有道而正"，这才是"好学"。他对好学的弟子颜渊箪食瓢饮而自得其乐的行为大为称赞。所以，"安贫乐道"后来又被称为"孔颜乐处"。《原宪居鲁》的故事中，孔子两个弟子的交锋，就体现出了安贫乐道的"谋道"与以财富夸耀于人的"谋食"两种行为的不同。

《论语》其实已经指出了"安贫乐道"这种精神的主要内涵。除上述"忧道不忧贫"之外，还有以道为乐、不贪不义之财等。而实践这种精神的，往往也就是颜回、原宪这样的读书人，我们前面

选的李二曲就是一个例子。但是《孟子》则更进一步地说："士穷不失义，达不离道。"（《尽心上》）这样一来，就把这种精神也覆盖到了"兼济天下"者。比如不贪不义之财，也就可以扩展成为官清廉。安贫，也就不再是不做官的隐居读书者的专利。像前面选的故事中，吴隐之、吴廷栋都是因为官清廉，不贪余财，而致贫困。

孟子还把符合儒家"仁义忠信，乐善不倦"原则的行为看作"天爵"，这种天赐的爵位高于公卿大夫之类的"人爵"。荀子则在《儒效》中说："故君子无爵而贵，无禄而富，不言而信，不怒而威，穷处而荣，独居而乐。"又说："彼大儒者，虽隐于穷阎漏屋，无置锥之地，而王公不能与之争名。"这无异于表示，因为对"道"的追求，君子虽然处于穷困，但是却比王公贵族还要高贵。这给了安贫乐道者无上的尊严和荣耀。杜甫"心系天下"的高贵正基于此。而吴廷栋幼时听母亲的教导，悟到的也正是这个；曾国藩对他的恭敬，也是源自这种思想。直到清末孙中山拜见张之洞时写下"行千里路，读万卷书，布衣亦可傲王侯"的帖子，我们从中还能看到这种观念的印记。

儒家对于安贫的推崇，也许是基于对人类心性的认识。先秦诸子不约而同地发现过分的贪欲是影响进德修业的重要因素。正因为如此，叔向才会有"贺贫"的特异行为。孟子认为"养心莫善于寡欲"（《尽心下》），著名的性恶论者荀子甚至直接肯定"彼正身之士，舍贵而贱，舍富而贫"（《尧问》）。再加上受道家思想的影响，历代辞官归隐、主动追求贫贱的行为也就时常见于史册。明朝郑王世子朱载堉舍弃王位就是很典型的例子。而实际上，这和孔子的理论已经有所不同。孔子只是反对不义而富贵，他并没有鼓励主动追求贫贱的意思。这种变化可以看作"安贫乐道"思想的一种发展。前面蒲松龄《黄英》选文中传达的观念，显然又体现了对于"安贫"的另一种思考。

无论如何，安贫乐道中的"道"，虽然在不同的历史时期、在不同的人身上，会有这样那样的差异，但在传统意义上其核心总是儒家之道。时代发展到今天，我们要坚守的"道"，应该具有新的内涵。但不管社会怎么发展，只要人类摆脱现实的物质层面的束缚、追求精神价值的愿望存在，"安贫乐道"的思想就一定会代代传承下去。

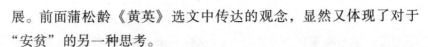

文化传递

在新的时代，"安贫乐道"的传统被继承和发扬光大。著名科学家钱学森（1911—2009）就是很好的例子。

钱学森1934年毕业于上海交通大学，之后进入美国麻省理工学院深造。1936年10月，他拜加州理工学院航空系后来被誉为"超音速飞行之父"的空气动力学教授冯·卡门为师，三年后以优异成绩获博士学位并留校任教。他在军事科学研究方面取得了卓越的成就，成为实施美国空军长远规划的关键人物。1950年，他打算在祖国最需要的时候回国。据说美国海军次长丹尼尔·金布尔，宣称"这个家伙无论在哪里都抵得上五个师"，"宁肯枪毙他，也不让他离开美国"，通知移民局不许放钱学森走。而钱学森始终不改初衷，设法告知祖国自己的意愿。周恩来总理对此非常重视，指示外交人员为此和美国交涉。几经周折，1955年9月，钱学森终于回到阔别二十年的祖国。此后，他成为中国航天科技事业的先驱，理学和系统工程学研究的奠基人，被誉为"中国航天之父""中国

导弹之父""火箭之王""两弹一星元勋"等。

钱学森在美国时，年仅 36 岁就成为麻省理工学院的终身教授，享受的待遇非常优厚。回国以后，国家分给他别墅，他拒绝了。他住着简朴的房子，里面的家具地板已经很旧了。平时只穿土布中山装、布鞋。有时候甚至穿打补丁的短裤。一只公文包用了 55 年也不肯换掉。起草文稿，往往用挂历的背面或者会议材料的背面。他把自己《工程控制论》一书的酬金捐给中国科技大学力学系，来帮助经济困难的学生；将自己获得的"科学成就终身奖"等科学奖金捐给祖国西部沙漠治理事业。

一个本可以过优裕生活的人，宁愿安贫，必定有他一生追求的"道"，使之看轻物质的享受。钱学森直到晚年，还在发问"为什么我们的学校总是培养不出杰出的人才呢？"这一叩问引起了人们对教育的讨论。他的后半生可以说是都奉献给了祖国。他的事迹启发我们思索"安贫乐道"在当今社会的内涵和意义。

文化感悟

1. 为何传统观念中要强调"安贫乐道"而非"安富乐道"？

2. 随着时代的发展，"道"的内涵也在不断变化，今天，我们应该乐的"道"是什么？

3. 设置一场"求富公"与"安贫生"的虚拟辩论，以对话体写一段台词。

第二章　尊师重教

文化典籍

一 师严然后道尊

【原文选读】

发虑宪①，求善良②，足以謏③闻，不足以动众。就贤体远④，足以动众，未足以化民⑤。君子如欲化民成俗，其必由学乎！

玉不琢⑥，不成器；人不学，不知道⑦。是故古之王者建国君民⑧，教学为先。

虽有嘉肴，弗食，不知其旨⑨也。虽有至道⑩，弗学，不知其善也。是故学然后知不足，教然后知困。知不足，然后能自反⑪也；知困，然后能自强也。故曰"教学相长"⑫也。

凡学之道，严⑬师为难。师严然后道尊，道尊然后民知敬学。是故君之所不臣于其臣⑭者二：当其为尸⑮，则弗臣也；当其为师，则弗臣也。大学之礼，虽诏于天子无北面⑯，所以尊师也。

（选自《礼记·学记》）

注释：

①虑宪：思虑。"虑"和"宪"都是考虑的意思。

②善良：有德行的人。

③谀（xiǎo）闻：小有声誉。谀：小。

④体远：亲近疏远者。体，亲近。

⑤化民：教化百姓。

⑥琢：雕琢。

⑦知道：明白道理。

⑧君民：统治百姓。

⑨旨：美味。

⑩至道：至善的道理。

⑪自反：自我反省。

⑫相长：互相促进。

⑬严：尊重。

⑭不臣于其臣：不用对待臣下的礼节来对待其臣子。

⑮尸：古代祭祀时代替死者受祭的人。

⑯诏于天子无北面：给天子讲课不用按照臣见君之礼面向北方。诏，告。北面，臣面向北，君面向南，这是君臣相见之礼。

【文意疏通】

开动脑筋，招揽有德行的人，可以让自己小有声誉，但还不足以感动群众。礼贤下士，亲近疏远者，足以感动群众，但还不足以教化百姓。君子如果想要教化百姓，成就良好的社会风尚，恐怕一定要从教学入手吧！

玉石不经过雕琢，就不能变成有用的器物；人不经过学习，不

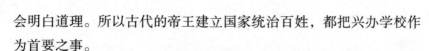

会明白道理。所以古代的帝王建立国家统治百姓，都把兴办学校作为首要之事。

虽然有美味佳肴，不吃，就不会知道味道的甜美。虽然有至善的道理，不去学习，就不会知道它的好处。所以，学习之后才知道自己的不足，教人之后才知道自己哪里不懂。知道不足，然后就能自我反省；知道不懂之处，然后就能发奋自强。所以说"教和学是相互促进的"。

大凡为学之道，尊敬老师是最难做到的。老师受到尊敬，真理才会受到尊重；真理受到尊重，百姓才懂得敬重学业。所以国君不以对待臣下的礼节来对待臣子的情况有两种：一种是在祭祀中臣子担任"尸"的角色时，不应以对待臣子之礼相待；另一种是臣子担任君主的老师时，也不应以对待臣子之礼相待。按大学的礼仪，给天子讲课不用按臣见君之礼面向北方，这是为了表示尊敬老师。

【义理揭示】

《礼记·学记》是中国古代最早的一篇教育教学专论。选段首先强调了教育的地位，认为教学是"化民成俗"的必由之路，也是"建国君民"的首要之事。其次，学和教是互相促进的，所谓"教学相长"。再次，在教学的过程中，老师起着关键的作用，所以必须尊师。尊师能够体现对真理的尊重，有利于形成好学的社会风气。

二　荀子论尊师

【原文选读】

今人之性恶，必将待师法然后正^①，得礼义然后治。今人无师法，则偏险^②而不正；无礼义，则悖乱^③而不治。

（《性恶》）

礼者，所以正身^④也；师者，所以正礼^⑤也。无礼，何以正身？无师，吾安知礼之为是^⑥也？

（《修身》）

方其人^⑦之习君子之说，则尊以遍矣，周^⑨于世矣。故曰：学莫便乎近其人。学之经^⑩莫速乎好其人，隆礼^⑪次之。上不能好其人，下不能隆礼，安特将学杂识志^⑫，顺^⑬《诗》、《书》而已耳。则末世穷年^⑭，不免为陋儒而已！

（《劝学》）

天地者，生之本也；先祖者，类^⑮之本也；君师者，治之本也。

（《礼论》）

国将兴，必贵师而重傅；贵师而重傅，则法度存。国将衰，必贱师而轻傅；贱师而轻傅，则人有快^⑯；人有快，则法度坏。

（《大略》）

注释：

①师法然后正：依靠老师和法制来矫正。待，依赖。师法，老师和法制。正，矫正。

②偏险：偏颇邪僻。

③悖乱：叛逆，违背秩序。

④正身：端正自身，使自己的所作所为符合礼。

⑤正礼：正确阐释礼。

⑥礼之为是：礼是正确的。

⑦方其人：仿效老师。方，通"仿"，仿效。其人，这里指老师。

⑧尊以遍：养成崇高的人格，获得普遍的认识。以，相当于"而"。遍，普遍。

⑨周：全面。

⑩经：通"径"，道路。

⑪隆礼：尊崇礼义。

⑫安特将学杂识志：就只能学习一点驳杂的记录。安，则。特，只是。杂识志，即杂志，驳杂的记录，"识"字是衍文，即传抄中多出来的字。

⑬顺：通"训"，作注解。

⑭末世穷年：直到老死。末世，即没世，到死。

⑮类：种族，民族。

⑯怏（yàng）：自大而互不相服。

【文意疏通】

现在既然人们本性是恶的，就一定要靠老师的教育和法制的约束来矫正，用礼义来治理。现在的人没有老师和法制，就会偏颇邪僻，行为不端正；没有礼义，就会违背秩序，社会变乱得不到治理。

礼，是用来端正自身的。老师，是负责解释说明礼的。没有礼，用什么来端正自身呢？没有老师，我们怎么知道礼是正确的呢？

仿效老师学习君子的学说，那么就能养成崇高的人格，获得普遍的认识，全面通晓世事。所以说：对学习来说，没有比亲近老师更简便的了。学习的方法没有比崇敬老师更快捷的，尊崇礼义次之。如果上不能崇敬老师，下又不能尊崇礼义，那就只能学一点驳

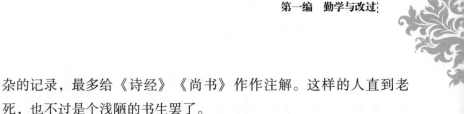

杂的记录，最多给《诗经》《尚书》作作注解。这样的人直到老死，也不过是个浅陋的书生罢了。

天地是生命的根本，祖先是氏族的根本，君主和老师是治理天下的根本。

国家将要兴盛，一定会尊重老师；尊重老师，国家的法度就能够得到保存。国家将要衰败，一定会轻视老师；轻视老师，人人自以为是、互相不服，这样，国家的法度就遭受破坏。

【义理揭示】

荀子的尊师重教思想和他的"性恶论"紧密相关。他认为人性本恶，所以要靠老师的教导来匡正。老师的重要性又在于能快速帮助学生掌握儒家经典。他又把"师"的地位和天地、先祖、国君并列，甚至认为对于老师尊敬与否可以预示国家的兴衰。

三　古代的学生守则

【原文选读】

先生施教，弟子是则①，温恭自虚，所受是极②。见善从之，闻义则服③。温柔孝悌，毋骄恃力。志毋虚邪④，行必正直。游居有常⑤，必就有德。颜色整齐，中心必式⑥。夙兴夜寐，衣带必饬⑦。朝益暮习，小心翼翼。一此不解⑧，是谓学则。

少者之事，夜寐蚤作⑨。既拚盥漱⑩，执事有恪⑪，摄衣共盥⑫，先生乃作。沃盥彻盥⑬，汜拚正席⑭，先生乃坐。出入恭敬，如见宾客。危坐乡师⑮，颜色毋怍⑯。

受业之纪^⑰，必由长始；一周则然，其余则否。始诵必作^⑱，其次则已^⑲。凡言与行，思中以为纪^⑳。古之将兴者，必由此始。后至就席，狭坐则起^㉑。若有宾客，弟子骏^㉒作。对客无让，应且遂行，趋进受命^㉓。所求^㉔虽不在，必以反命^㉕，反坐^㉖复业。若有所疑，奉手^㉗问之。师出皆起。

（选自《管子·弟子职》）

注释：

①则：效法。

②极：穷尽，指对所学东西全面掌握。

③服：实行。

④志毋虚邪：心志不要虚伪奸邪。

⑤游居有常：出游在家都要遵守常规。居，指在家。

⑥式：法式，规范。

⑦饬（chì）：整齐。

⑧一此不解（xiè）：专心遵守不松懈。一，专一。解，通"懈"，松懈。

⑨蚤作：早起。蚤，通"早"。作，起床。

⑩既拚（fèn）盥（guàn）漱：扫除洗漱完毕。拚，扫除。

⑪恪（kè）：恭敬谨慎。

⑫摄衣共盥：提起衣襟为先生准备好盥洗的器具。共，通"供"。

⑬沃盥彻盥：洗漱后撤去盥洗器具。沃盥，浇水洗手。彻，通"撤"。

⑭氾（fàn）拚正席：洒扫完，摆正讲席。氾拚，洒扫。

⑮危坐乡师：端坐面向老师。乡，通"向"。

⑯怍（zuò）：本义为惭愧，这里指改变脸色。

⑰纪：次序。

⑱作：起身。

⑲其次则已：之后再读就可以不再起身了。

⑳思中以为纪：要记住把中和之道作为准则。纪，纲纪，准则。

㉑狭坐则起：旁边坐着的要起身。狭，旁边。

㉒骏：迅速。

㉓趋进受命：快步走着去接受老师的指令。

㉔求：寻找。

㉕反命：复命，回复客人。

㉖反坐：返回座位。坐，通"座"。

㉗奉手：拱手。

【文意疏通】

老师施行教育，学生遵照学习。温和谦恭虚心，所学的东西要全面掌握。见善就要跟着做，听到义就要实行。性情温和孝悌，不要骄横自恃勇力。心志不要虚伪奸邪，行为必须正直。出游在家都要遵守常规，一定要接近有德行的人。脸色保持端正，内心遵守规范。早起晚睡，衣带必须整齐。早上学晚上复习，都要小心翼翼。专心遵守不松懈，这就是学习的规则。

年轻学生要做的，是晚睡早起。扫除洗漱完毕，要恭敬做事。提起衣襟为老师准备好盥洗的器具，老师这时起床。等老师洗漱后再撤去盥洗器具，又洒扫屋子摆正讲席，老师便坐上讲席。学生出入都要保持恭敬，如同会见宾客。端坐面向老师，不可随便改变脸色。

接受老师讲课的次序，一定要从年长的同学开始。第一遍要这样，后面则不必如此。第一次诵读必须站起身来，之后再读就不用了。一切言语、行动，要记住把中和之道作为准则。古代将会有作为的人，都由此开始。后到的同学入席就座，旁边坐的人应该及时站起。如果有客人来，学生要迅速起立。接待客人不要互相推让，要边答应边迎接，之后再快步走去听老师吩咐。即使客人找的人不在，也一定要回复，然后返回座位继续学习。如果有疑难问题，要拱手提出。先生下课走出，学生们都要起立。

【义理揭示】

现行本《管子》中的《弟子职》一文，学术界多认为体现了战国时齐国稷下学派的学规，可以说是我国现存最早的一部学生守则。上面的选段集中反映了学生对待老师的礼节：授业时要恭敬虚心受教，在日常生活中要服侍老师。除此之外，还涉及待客、交友等方面的内容。

四 汉明帝尊师

【原文选读】

显宗①即位，尊以师礼②，甚见亲重，拜二子为郎③。荣年逾八十，自以衰老，数上书乞身④，辄加赏赐。乘舆尝幸太常府⑤，令荣坐东面⑥，设几杖，会百官骠骑将军东平王苍⑦以下及荣门生数百人，天子亲自执业⑧，每言辄曰"大师在是"。既罢，悉以太官供具赐太常家。其恩礼若此。

永平二年，三雍⑨初成，拜荣为五更⑩。每大射养老礼⑪毕，帝辄引荣及弟子升堂，执经自为下说⑫。乃封荣为关内侯，食邑五千户。

荣每疾病，帝辄遣使者存问，太官、太医相望于道⑬。及笃⑭，上疏谢恩，让还爵土⑮。帝幸其家问起居，入街下车，拥经而前，抚荣垂涕，赐以床茵、帷帐、刀剑、衣被，良久乃去。自是诸侯将

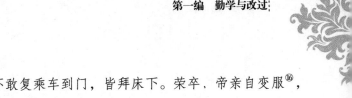

军大夫问疾者，不敢复乘车到门，皆拜床下。荣卒，帝亲自变服⑯，临丧送葬，赐冢茔⑰于首山之阳。

（选自《后汉书·桓荣传》）

注释：

①显宗：东汉明帝刘庄。

②尊以师礼：明帝用对待老师的礼节尊敬桓荣。

③郎：古代官名。

④乞身：请求辞职。

⑤乘舆尝幸太常府：皇帝曾到桓荣府中。乘舆，皇帝的车驾。幸，指皇帝到某地。太常府，当时桓荣担任太常，太常是掌宗庙祭祀之官，为诸卿之首。

⑥东面：坐西朝东，这是让桓荣按宾主的规矩坐，而非按臣子面对国君的礼节坐。

⑦骠（piào）骑将军东平王苍：担任骠骑将军职务、被封为东平王的刘苍。

⑧执业：执弟子礼受业。

⑨三雍：辟雍、明堂、灵台三座宫殿合称三雍，是帝王举行祭祀、典礼的场所。

⑩五更：古礼设三老五更各一人，天子以父兄之礼尊养他们。汉明帝曾在辟雍宫设三老五更。

⑪大射养老礼：古代表示礼敬老人的祭礼。

⑫执经自为下说：拿着经书自己讲解。

⑬相望于道：太官、太医来的人接连不断，互相可以看见。

⑭笃：病重。

⑮爵土：爵位封地。

⑯变服：换下皇帝的服装。

⑰冢茔（zhǒng yíng）：坟墓。

【文意疏通】

汉明帝即位后，用对待老师的礼节尊敬桓荣。桓荣很受亲近重视，两个儿子都被任命为郎。桓荣年纪过了八十后，自己觉得衰弱老迈，屡次上书请求辞职，却每次都被增加赏赐。皇帝曾到桓荣的太常府中，让桓荣坐西朝东，设置桌几和手杖，召集骠骑将军东平王刘苍以下的群臣，以及桓荣的门生几百人。天子亲自执弟子礼学习，每次开口都说"大师在此"。讲完后，把太官供品用具全部赐给桓荣家。天子对他的恩赐礼待就是这样的。

永平二年，三雍刚建成，任命桓荣为五更。每次大射养老礼完成，明帝就请桓荣以及弟子登上厅堂。皇帝自己拿着经书讲解，向桓荣请教。于是封桓荣为关内侯，封邑五千户。

每次桓荣生病，明帝都派遣使者去慰问。去的太官、太医接连不断，路上互相可以看见。等到桓荣病重，上奏章谢恩，请求交回自己的爵位和封地给皇帝。明帝亲自到他家里问他的起居情况，到了街巷就下车步行，捧着经书来到桓荣面前，抚着他流眼泪，赐给他床茵、帷帐、刀剑、衣被，很长时间才离去。从此，诸侯大夫来探病，没人敢直接乘车子到桓荣门前，都在床下拜见。桓荣死后，明帝亲自改换皇帝的服装，亲临丧礼参加送葬，在首山的南面赐地给桓荣作坟墓。

【义理揭示】

在汉明帝做太子的时候，桓荣曾经为他讲《尚书》。后来桓荣又被任命为太子少傅，负责教习太子。汉明帝即位后，对桓荣非常尊敬，执弟子礼。他让桓荣坐尊贵的席位；他去看望桓荣，到了街巷就下车

步行进去，为桓荣的病掉泪；他在桓荣死后换下皇帝的服装去送葬。考虑到汉明帝的身份，这样的做法就有了强烈的树立榜样的意义。此后去探病的诸侯、将军、大夫们的做法，也清楚地证明了这一点。

五 道之所存，师之所存

【原文选读】

古之学者①必有师。师者，所以传道受业解惑②也。人非生而知之者，孰能无惑？惑而不从师③，其为惑也，终不解④矣。生乎吾前，其闻道⑤也固先乎吾，吾从而师之⑥；生乎吾后，其闻道也亦先乎吾，吾从而师之。吾师道也，夫庸知其年之先后生于吾乎⑦？是故无⑧贵无贱，无长无少，道之所存，师之所存也。

（选自唐·韩愈《师说》）

注释：

①学者：求学的人。

②传道受业解惑：传授儒家之道，讲授儒家经典，解答疑难问题。受，通"授"，传授。

③从师：跟老师学习。

④终不解：终究得不到解决。

⑤闻道：懂得道理。

⑥从而师之：跟着他，以他为师。

⑦夫庸知其年之先后生于吾乎：难道需要知道他年龄比我大还是比我小吗？夫，发语词。庸：岂，难道。先后生于吾，早生于我还是晚生于我。

⑧无：无论。

【文意疏通】

古代求学的人一定有老师。老师，是用以传授儒家之道、讲授儒家经典、解答疑难问题的人。人不是生下来就懂得道理的，谁能没有疑难问题？有疑问却不肯跟从老师学习，那些成其为疑难问题的，就始终得不到解决。比我出生早的人，他懂得道理本来就比我早，我跟着他，以他为师；比我出生晚的人，如果他懂得道理也比我早，我也跟着他，以他为师。我学习的是道，难道还需要知道他年龄比我大还是比我小吗？所以，无论地位是高是低，无论年龄是大是小，道理存在的地方，就是老师存在之处。

【义理揭示】

韩愈清楚地把老师的任务分为"传道""授业""解惑"三个层次。他先论证解惑的重要性，再讨论更加重要的"传道"问题。在他看来，老师的贵贱、长少都是外在的。正是因为先"闻道"，老师才获得了传授他人的资格而成其为"师"。换言之，是否有"道"才是判断能否为师的唯一标准。

六 程门立雪

【原文选读】

杨时，字中立，南剑将乐①人。幼颖异，能属文②，稍长，潜心③经史。熙宁九年，中进士第。时河南程颢与弟颐讲孔、孟绝学于熙、丰④之际，河、洛⑤之士翕然⑥师之。时调官不赴⑦，以师礼见颢于颍昌⑧，相得⑨甚欢。其归也，颢目送之，曰："吾道南矣⑩。"四年而颢死，时闻之，设位哭寝门⑪，而以书赴告⑫同学者。至是，

又见程颐于洛，时盖年四十矣。一日见颐，颐偶瞑坐，时与游酢^⑬侍立不去，颐既觉，则门外雪一尺矣。

（选自《宋史·杨时传》）

注释：

①南剑将乐：地名，今属福建。南剑，州名。

②属（zhǔ）文：写文章。属，连缀。

③潜心：用心专而深。

④熙、丰：熙宁、元丰，都是宋神宗的年号。

⑤河、洛：黄河与洛水，这里指黄河、洛水一带。

⑥翕（xī）然：形容言论、行为一致。

⑦调官不赴：选调他做官，他不肯去上任。调官，选调官职。

⑧颍昌：地名。宋代的颍昌府辖区相当于今天河南许昌、漯河等地。

⑨相得：脾气投合。

⑩吾道南矣：杨时向南方去，我的道就随他到南方了。程颢（hào）的意思是杨时得了自己的真传。

⑪寝门：内室的门。

⑫赴告：报丧。

⑬游酢（zuò）：人名，程门四大弟子之一。

【文意疏通】

杨时，字中立，南剑将乐人。小时候非常聪明，能写文章。稍长大后，专心钻研经史。熙宁九年，考中了进士。当时河南的程颢和他的弟弟程颐讲授孔、孟已失传的学问。在熙宁、元丰年间，黄河、洛水一带的士人不约而同都去拜师学习。杨时被选调任官，他却不肯上任，到颍昌用对待老师的礼节来拜见程颢，两人脾气相

合，相处得很愉快。当杨时回去的时候，程颢目送他说："我的道向南方去了。"四年后程颢去世，杨时听说了，为程颢设灵位，在内室门外痛哭，又写信给一起求学的人报丧。这时候，他又去洛地拜见程颐。当时杨时自己已经四十岁了。一天他去见程颐，正碰上程颐偶然闭目静坐。杨时和游酢不敢打扰，恭敬地站着伺候，不肯离去。程颐发现他们的时候，门外的雪已经下得有一尺深了。

【义理揭示】

"程门立雪"的故事非常简单，但是却耐人寻味。至少我们从中可以读出这样几点：一是求学须怀恭敬之心，二是精诚所至金石为开，三是不轻易去打扰是尊敬他人的重要表现，四是为求真理应能忍受艰难处境。这四点的核心就是一个"敬"字。

七 董沄六十八岁拜师

【原文选读】

海宁董沄，号萝石，以能诗闻于江湖，年六十八①，来游会稽，闻先生②讲学，以杖肩③其瓢笠诗卷来访。入门，长揖上坐④。先生异⑤其气貌，礼敬之，与之语连日夜⑥。沄有悟，因何秦强纳拜⑦。先生与之徜徉山水间。沄日有闻，忻然⑧乐而忘归也。其乡子弟社友皆招之反⑨，且曰："翁老矣，何乃自苦若是？"沄曰："吾方幸逃于苦海，悯若之自苦也，顾以吾为苦耶？吾方扬馨于渤澥⑩，而振羽于云霄之上，安能复投网罟⑪而入樊笼乎？去矣！吾将从吾之所好。"遂自号曰"从吾道人"，先生为之记。

（选自明·王阳明《顺生录·年谱》）

注释:

①年六十八:董沄(yún)此时年龄已有六十八岁。古人讲到的年龄往往是指虚岁。

②先生:指明代思想家王阳明。

③以杖肩:用手杖放在肩上挑着。

④长揖(yī)上坐:拱手高举行长揖礼,然后入座。长揖,古代拱手高举然后落下的礼节,多用于平辈间。上座,落座,入座。

⑤异:以……为异,对……感到惊异。

⑥连日夜:日夜不停。

⑦因何秦强纳拜:通过先生的弟子何秦劝说,坚持纳头拜师。强,勉强,强行。

⑧忻(xīn)然:愉快的样子。

⑨反:通"返"。

⑩扬鬐(qí)于渤澥(bó xiè):在渤海划动鱼鳍。鬐,通"鳍"。渤澥,渤海。

⑪网罟(gǔ):渔网。

【文意疏通】

海宁人董沄,号萝石,以善于写诗名闻四方各地,年龄已经有六十八岁,来游览会稽,听说王阳明先生在这里讲学,于是用手杖挑着他的瓢、斗笠和诗卷前来拜访。进了门,拱手高举行礼,然后入座。先生对他的气度风貌感到惊奇,以礼待他,和他谈起话来日夜不停。董沄有所领悟,通过先生的弟子何秦,坚持要纳头拜师。先生和他在山水间徜徉游玩,他每天都能听到一些道理,十分快乐,忘记了回家。他家乡的后辈和朋友都叫他回去,并且说:"您年纪大了,何必要这样自讨苦吃呢?"董沄说:"我正庆幸从苦海中

逃出来，怜悯你们这些人自己在受苦，你们反而认为我在受苦吗？我正要像鱼儿一样在渤海中展鳍遨游，像鸟儿一样在云霄上展翅飞翔，怎么能再投入罗网，进到笼子里呢？你们走吧！我要追求我喜欢的东西。"于是自己给自己起个号，叫"从吾道人"。先生为他记下了这件事情。

【义理揭示】

董沄六十八岁拜师，正因为他想要追求的是"道"，他以学习为乐，因而并不觉得辛苦。王阳明当时虚岁五十三岁。根据记载，开始王阳明因为他年纪大，不同意收他为徒。董沄又准备了拜师礼，通过王阳明的弟子何秦，坚持请求，才被允许。他一心拜师，是因为他真正尊重的并非年龄，而是"道"。董沄可谓是真正懂得求学之道的人。

八 罗汝芳侍师于狱

【原文选读】

明日五鼓①，即往纳拜称弟子，尽受其学。山农②谓先生曰："此后子病③当自愈，举业④当自工，科第⑤当自致，不然者，非吾弟子也。"已而先生病果愈。其后山农以事系留京狱，先生尽鬻田产脱之⑥。侍养于狱六年，不赴廷试⑦。先生归田⑧后，身已老，山农至，先生不离左右，一茗⑨一果，必亲进⑩之。诸孙以为劳，先生曰："吾师非汝辈所能事也。"

（选自清·黄宗羲《明儒学案》）

注释：

①五鼓：五更。

②山农：颜钧，字山农，明代思想家。

③病：罗汝芳之前得了"心火"之病。

④举业：应科举考试的诗文。

⑤科第：科举考试及第。

⑥鬻（yù）田产脱之：卖田产募集资金使得颜钧出狱。鬻，卖。脱，使……脱离。

⑦廷试：科举考试中的殿试，由皇帝亲自策问。

⑧归田：辞官回乡务农。

⑨茗（míng）：茶。

⑩亲进：亲手献上。

【文意疏通】

罗汝芳开始追求的是抑制欲望、寂静身心的做法，结果得了"心火"之病。他去请教颜钧，听了一席话，"如大梦得醒"，所以第二天五更就去拜颜钧为师，全面接受了颜钧的学说。颜钧对罗汝芳说："此后你的心火病应该会自愈，你的科举诗文自然会写得好，你参加科举考试自会考中。做不到这样，你就不是我的弟子。"之后不久罗汝芳的病果然好了。此后颜钧因事被关在京城的监狱，罗汝芳变卖全部田产营救，使颜钧出狱。他在狱中伺候奉养颜钧六年，因此没有去参加殿试。罗汝芳辞官回乡后，年纪已经大了，当颜钧来时，他不离颜钧左右，一杯茶，一个果子，他也一定要亲手献给老师。罗汝芳的孙子们觉得这样很辛苦，想替他做，他却说："我的老师不是你们这些人能侍奉的。"

【义理揭示】

这则故事可以和汉明帝尊师的故事对照来读。桓荣为汉明帝讲《尚书》，他自然是官方学说的代表。而罗汝芳的老师颜钧倡导的则是背离正统儒学的"异端"平民儒学思想，肯定人的欲望和情感。这在明代是一种非官方的学说。需要补充的是，颜钧也曾经为自己的老师王艮守丧三年。再联系罗汝芳的做法，可知尊师在民间学术流派中也早已成为一种传统。

九 白鹿洞书院的教思碑

【原文选读】

诸弟子仰体厚意①，争自濯磨②。加以劝诚③兼施，士风为之一振。盖夫子以身设教④，所属望及门⑤者，原不在区区⑥之艺也。夫子洵可谓人师⑦矣！此因释服解馆⑧，门下士祖饯步送不绝于道⑨。即未经录取，亦感荷甄陶⑩，心悦诚服。爰⑪述夫子之教，寿诸贞珉⑫，以志⑬不忘云。夫子姓张，名赓飏，字翰卿，江西鄱阳县人，同治戊辰科进士。

（选自清·欧阳熙《张翰卿夫子教思碑记》）

注释：

①仰体厚意：恭敬地体察张赓飏（gēng yáng）先生的深厚情义。仰，表示恭敬的词。

②濯（zhuó）磨：洗涤磨炼，比喻加强自己的修养，以期有所作为。

③劝诫：勉励和告诫。

④以身设教：用自身的行为来教育学生。

⑤属（zhǔ）望及门：对受业弟子的期待。属望，期待。及门，指受业弟子，正式拜师学艺的学生。

⑥区区：形容小的样子。

⑦洵（xún）可谓人师：实在可以称得上是"人师"了。洵，实在。人师，指教给学生修身之道的老师，与只解释书本的"经师"相对，古时候有"经师易得，人师难求"的说法。

⑧释服解馆：除去白鹿洞书院讲席老师穿的服装，解除职务。解馆，解聘。

⑨祖饯（jiàn）步送不绝于道：在路上步行着饯别的弟子络绎不绝。

⑩感荷（hè）甄（zhēn）陶：感谢老师的培养造就。感荷，感谢。甄陶，培养造就。

⑪爰（yuán）：于是。

⑫寿诸贞珉（mín）：把它刻在石碑上。寿，镌刻。诸，之于。贞珉，石碑的美称。

⑬志：记住，记载。

【文意疏通】

　　各位弟子恭敬地体察张赓飏先生的深厚情义，争着自我磨炼，加强修养。加上张赓飏先生教学生能够将勉励和告诫的手段并用，读书人的风气为之一振。老师以身作则，用身教来影响学生，对于自己受业弟子的期待，原本就不在于小小的文艺之道。先生实在可以称得上是"人师"了！这次因为先生要辞去教职，门下的弟子在路上步行着饯别的络绎不绝。就算是考试没有考中的弟子，也感谢老师对自己的培养，心悦诚服。于是叙述先生的教化，刻在石碑上，好使人记住不忘。先生姓张，名赓飏，字翰卿，江西鄱阳县人，是同治戊辰科的进士。

【义理揭示】

白鹿洞书院有很多教思碑。所谓教思碑，是弟子为追思老师教导而作的碑刻。这篇碑记由欧阳熙主笔，四十六名生徒署名立石，集中表现了对曾任书院讲席的张赓飏先生的尊敬之情。清代中叶以后，虽然书院趋于官学化，政府也提供办学资金，但到了清末，白鹿洞书院实际上很大程度是靠民间捐款来维持的。社会对于学院的支持，学生对于老师的尊重，这些都充分体现了古代尊师重教传统在民间的影响。

十 经师与蒙师

【原文选读】

人仅知尊敬经师①，而不知尊敬蒙师②。经师束脩③犹有加厚者，蒙师则甚薄，更有薄之又薄者。经师犹乐供膳④，而蒙师多令自餐，纵膳亦亵慢⑤而已矣。抑知蒙师教授幼学⑥，其督责之劳，耳无停听，目无停视，唇焦舌敝⑦，其苦甚于经师数倍。且人生平学问，得力全在十年内外。四书与五经⑧宜熟也，余经与后场⑨宜带读也，书法与执笔⑩宜讲明也，切音与平仄⑪宜调习也，经书之注删读宜有法也。工夫得失，全赖蒙师，非学优而又勤且严者，不克⑫胜任。夫蒙师劳苦如此，关系又如此，岂可以⑬子弟幼小，因而轻视先生也哉！

（选自清·唐彪《父师善诱法》）

注释：

①经师：旧时讲授经书的老师。

②蒙师：从事启蒙教育的老师。

③束脩：本义为十条干肉，代指学生送给老师的报酬。

④供膳：供给饭食。

⑤亵（xiè）慢：轻视怠慢。

⑥抑知：岂知。幼学：称初入学的学童。

⑦舌敝：也作"舌弊"，指说话很多，舌头因而疲劳。

⑧四书与五经：《论语》《大学》《中庸》《孟子》四书，以及五经中的原有经文。

⑨后场：科举考试中的乡试分前场、后场，前场考取才能继续考后场，这里指应后场考试的文章。

⑩执笔：学写字时的拿笔方法。

⑪切（qiè）音与平仄：反切的注音方法以及字的平声和仄声。切音，即反切，取上一个字的声母和下一字的韵母及声调，拼成字音的注音方法。平仄，古代汉语中的平上去入四声中，平属于平声，其余三声属于仄声。

⑫克：能够。

⑬可以：可以因为。

【文意疏通】

人们仅仅知道尊敬经师，却不知道要尊敬蒙师。给经师的报酬有格外丰厚的，给蒙师的却非常微薄，更有薄之又薄的。对经师人们还乐于供给饭食，对蒙师则大多让他们自己解决饭食，就算是管饭，也往往对他们轻视怠慢。哪里知道蒙师要教刚入学的学童，他们督促学习非常劳苦，耳朵不住地听，眼睛不停地看，口干舌燥，比经师辛苦数倍。况且一个人一生的学问，全要在最初的十年左右打下基础。《四书》以及《五经》中的原文要让学童熟练掌握，其余的经文以及乡试后场的应试文章要带着学童读，拿笔写字的方法要讲清楚，反切的注音法和平仄要协调练习，经书的注释、挑选、阅读要教给学童相关方法。工夫如何，得失怎样，全靠蒙师的教导，如果不是学问很好，人勤劳，又能严格要求学童的人，是不能胜任这样的工作的。蒙师这么辛苦，关系这样重大，怎么可以因为孩子小，就轻视他们的先生呢？

【义理揭示】

这一选段，让我们看到了私学中蒙师的辛劳。他们承担了教学童学习读写、带学童朗读经典以及准备乡试等任务。这些工作是极其重要的，但却往往为人所忽视。经师，因为直接关系到官方思想的推行，以及通过科举进行的人才选拔，所以受到统治阶层重视，地位比较高。而私学蒙师，却得不到官方的关注，地位较低。由此可见，中国古代官方宣扬的尊师重教，往往带有很强的功利色彩。

文化倾听

我们今天讲到的"尊师重教"，就是古代所说的"尊师重道"。这也就意味着，传统意义上，总是把老师和"道"相关联。"道"这个词，含义非常丰富。一方面，它代表着本民族对于包含天地人在内的自然以及社会运行规律的认识；另一方面，它又指实际的知识和技能。老师是"道"的承载者，肩负着文化传承的重任，同时

也肩负着传承具体的知识与技能的重任。

　　基于这种对老师作用的认识，中国的传统文化自古以来就赋予老师以崇高地位。《尚书·泰誓》中提出"天佑下民，作之君，作之师"，最早把君、师作为上天意志的体现者并列起来。《礼记·学记》"当其为师，则弗臣"的观念，《荀子》"君师者，治之本也"的论述，都是试图借最高统治者的权威来树立师道尊严。而历代的统治者，也往往以身作则，让自己以符合"尊师重道"观念的形象出现。前面所选《后汉书·桓荣传》中汉明帝尊师的故事，就非常典型。当然，我们也要看到，统治阶层提倡尊师，归根结底是为了维护自己的统治秩序。但是，这样的一种提倡，在促使整个社会形成一种对文化普遍尊重的氛围方面，具有非常积极的意义。

　　中国古代有官学和私学之分。官学在南宋以后趋于衰微，明清时期渐渐成为科举制度的附庸。私学产生于春秋，以孔子私学为代表，自此以后，民间始终都维持了自己的教学传统。在统治秩序不稳定、官学废弛的年代，教育多赖私学维持。发展到宋代，书院作为私学机构的代表，在文化传承上的作用越来越大。这些书院在明清时期虽然渐渐官方化，也有为科举考试服务的趋势，但是"传道"的教育传统毕竟还在。像包括前面选文《张翰卿夫子教思碑记》在内的白鹿洞书院中的一系列碑记，就常常赞扬为师者的人格，称赞他们不是仅仅教授知识学问的"经师"，而是"人师"，即能够致力于引导学生修养自我，以达到儒家强调的"成人"境界的老师。较之书院中的老师，私学中蒙学老师的地位更难以得到保证，所以清代学者唐彪在《父师善诱法》中呼吁大家关注这一问题。如果说官学中老师的地位，可以依靠官方的认可来保证，而学院和私塾的师道尊严，则往往就是靠民间的普遍观念来确立的。

无论如何，虽然官学、私学中的老师地位有所不同，在不同的历史时期情况也各有差异，但是几千年来，从统治者到社会底层，形成了对老师普遍尊重的风气，这一点却是无疑的。这一传统一直延续下来，甚至在民国军阀统治时期，许多风评不佳的军阀在尊师重教方面的所作所为却都超出人们的想象。

另外一个非常值得探讨的问题是师生关系。在学习的过程中，作为学的主体、教的客体，学生对待老师的方式，自然直接体现了老师的地位。从《弟子职》这样的文献中，可以看出，先秦时期，本民族已经形成了学生对于老师的一系列规矩。其核心是，学生对老师要恭敬服从甚至要侍奉。这种尊敬，归根结底是体现对于"道"的尊崇。所以，韩愈《师说》要强调"道之所存，师之所存"。"程门立雪"的故事，与其说是体现了对老师的尊敬，不如说是体现了对于"道"的敬畏。董沄拜比自己小得多的王阳明为师，也正是因为"无长无少，无贵无贱，道之所存，师之所存"。

而实际上，中国古代传统意义的师生关系，类似家庭中的长辈和晚辈之间的关系。学生对老师往往承担着一种类似亲人之间的义务。虽然这并不是强制性的，但却是被提倡的。罗汝芳在监狱侍养老师六年，不赴廷试，年纪大了还一定要亲手给老师递茶献果，不允许晚辈代劳。这个故事就是这种观念的生动呈现。放在我们当今这个提倡师生平等的时代，该如何评价这样一种传统的师生关系呢？这个问题需要我们好好思考。

文化传递

　　著名翻译家王维克（1900—1952）在担任金坛县立初中教员时，发现了华罗庚（1910—1985）的数学才能，有意识地加以培养。后来王维克赴法国巴黎留学，成为著名科学家居里夫人的学生。学成归国后，王维克再次到金坛中学任教，后来担任校长。这时华罗庚因家庭贫困辍学，在家自学。为了帮助华罗庚，王维克聘请他为数学教师。华罗庚因伤寒而左腿残疾，需要借助手杖走路。王维克自己帮华罗庚代课，坚持继续聘用华罗庚，为此被迫辞去校长职务。

　　华罗庚后来因为在数学领域展现出的才能，受到熊庆来教授的赏识，得以到清华大学工作。他在清华大学继续研究，最终成为世界著名的数学家。国际上以他命名的数学科研成果有"华氏定理""华氏不等式"等。

　　华罗庚一生中都对发现自己这匹"千里马"的"伯乐"王维克念念不忘。有一次他在家乡作一个学术报告，他请来王维克，让他坐在主席台，并且跟大家说："我能取得一些成就，全靠老师的栽培。"走路时，他要王维克走在前面，就座时，他让王维克坐上座。他对于自己恩师的生活状况非常关心，当王维克晚年没有工作、家庭经济出现困难时，华罗庚四处奔走，为恩师联系。在他的努力下，商务印书馆聘任王维克担任审议员。在王维克去世后，华罗庚还一直照顾恩师的家属。

　　这些事例体现出了华罗庚对王维克发自内心的尊重。作为老师，王维克帮助他在困境中坚持自己的追求，帮助他走出人生的低谷，直到他获得改变命运的机会。华罗庚的感激，不仅仅是朝向个体的。换言之，王维克的培育英才，具有一种"师道"的典型意义。华罗庚的感激，正是在向这种师道致敬。由此可以看出，师生的情谊，不仅是在物质层面上，更是在真理追求的层面上展开的。

文化感悟

1. 当今时代，我们有书籍，有网络，各种问题可以方便地得到答案。在这样的情形下，老师存在的意义何在？

2. 如何看待"一日为师终身为父"的观念？

3. 搜集民国时期关于军阀"尊师重教"问题的相关资料，组织一个小型的讨论会。

第三章　学而不厌

一　好学乐学

【原文选读】

子曰："学而时习①之，不亦说②乎？"

（《论语·学而》）

子曰："知之者不如好之者，好之者不如乐③之者。"

（《论语·雍也》）

子曰："默而识④之，学而不厌，诲人不倦，何有于我⑤哉！"

（《论语·述而》）

子曰："由⑥也，女闻六言六蔽矣乎⑦？"对曰："未也。""居⑧！吾语⑨女。好仁不好学，其蔽也愚；好知不好学，其蔽也荡⑩；好信不好学，其蔽也贼⑪；好直不好学，其蔽也绞⑫；好勇不好学，其蔽也乱；好刚不好学，其蔽也狂。"

（《论语·阳货》）

子夏⑬曰："日知其所亡⑭，月无忘其所能，可谓好学也已矣。"

（《论语·子张》）

注释：

①时习：按一定的时间去实习。时，在一定时候，在适当的时候。习，实习，演习。

②说（yuè）：通"悦"，高兴，愉快。

③乐：以……为乐。

④识（zhì）：记住。

⑤何有于我哉：即"于我有何哉"的倒装，意思是对我来说这三件事情我做到了什么呢，这是孔子的自谦之词。另有一种看法，认为这句的意思是，这三件事情对我来说有什么困难的呢。

⑥由：仲由，字子路，又字季路，鲁国人，孔子的学生。

⑦女闻六言六蔽矣乎：你听说六种品德和与之对应的六种弊病吗。女，通"汝"。蔽，通"弊"。

⑧居：坐下。

⑨语（yù）：告诉。

⑩荡：放荡而没有根基。

⑪贼：残害。不辨明情况盲目守信，会害人害己。

⑫绞（jiǎo）：刻薄尖刻。

⑬子夏：卜商，字子夏，孔子的学生。

⑭亡（wú）：不知道的东西。

【文意疏通】

孔子说："学了，然后按一定的时间去实习它，不也是很快乐的吗！"

孔子说："知道它不如爱好它，爱好它不如以它为乐。"

孔子说："默默地记住学的东西，勤学而永不满足，教导别人不知疲倦，对我来说这三件事情我做到了什么呢？"

孔子说:"仲由啊!你听说过六种品德和与之对应的六种弊病吗?"子路回答说:"没有。"孔子说:"坐下来!我告诉你。爱好仁德却不勤学,它的弊病是愚蠢;爱好聪明却不学习,它的弊病是放荡没有根基;爱好诚信却不学习,它的弊病是害人害己;爱好直率却不学习,它的弊病是刻薄伤人;爱好勇敢却不学习,它的弊病是捣乱闯祸;爱好刚强却不学习,它的弊病是胆大妄为。"

子夏说:"每天知道自己以前不知道的东西,每月记住自己掌握了的东西,可以说是好学了。"

【义理揭示】

孔子认为,学习可以矫正修身中的种种偏失,所以他把"学而不厌"作为自己的追求目标。学而不厌,也就是永不满足,一天天进步,如另一篇儒家经典《大学》中所说的那样:"苟日新,又日新,日日新。"这样一种不断提升自我、朝向真理的学习,能够给人乐趣。而以学习为乐,又反过来能够促进学习。

二 学海无涯苦作舟

【原文选读】

孙敬,字文宝,好学,晨夕不休。及至眠睡疲寝①,以绳系头,悬屋梁。后为当世大儒。

(《太平御览》)

苏秦喟然叹曰:"妻不以我为夫,嫂不以我为叔②,父母不以我为子,是皆秦之罪也。"乃夜发书,陈箧数十③,得太公阴符之谋④，伏而诵之，简练以为揣摩⑤。读书欲睡，引锥自刺其股⑥，血流至足，曰："安有说人主⑦，不能出⑧其金玉锦绣，取卿相之尊者乎？"

（《战国策·秦策》）

匡衡，字稚圭，勤学而无烛。邻舍有烛而不逮⑨。衡乃穿壁引其光，以书映光而读之。邑人大姓，文不识，家富多书，衡乃与其佣作⑩，而不求偿⑪。主人怪问衡，衡曰："愿⑫得主人书遍读之。"主人感叹，资给⑬以书，遂成大学⑭。

（晋·葛洪《西京杂记》）

胤⑮恭勤不倦，博学多通。家贫不常得油，夏月则练囊盛⑯数十萤火以照书，以夜继日焉。

（《晋书·车胤传》）

注释：

①疲寝：疲惫睡觉。

②叔：小叔子，丈夫的弟弟。

③陈箧（qiè）数十：摆开几十个箱子。箧，箱子。

④太公阴符之谋：姜太公吕尚的兵书。

⑤简练以为揣摩：选择、熟习，好好地揣摩研究。简，挑选。

⑥股：大腿。

⑦说（shuì）人主：游说国君。

⑧出：使……拿出。

⑨逮：及，到，指照到匡衡家中。

⑩佣作：受雇做工。

⑪偿：报酬。

⑫愿：希望。

⑬资给：资助供给。

⑭大学：大学者。

⑮胤（yìn）：车胤，东晋人。

⑯练囊盛：用白丝袋装。练，白绢。

【文意疏通】

汉代人孙敬，字文宝，很好学，从早到晚学个不停。等到了疲乏想睡觉时，就用绳子系住头发，另一头拴在房梁上。后来成为大学者。

苏秦叹气说："妻子不把我当丈夫看，嫂子不把我当小叔子看，父母不把我当儿子看，这都是我苏秦自己的过错啊。"于是夜里摆开几十个书箱，找到了姜子牙的兵书，伏案研读，挑出重要的部分反复揣摩。读书时间长了想睡觉，自己就拿锥子刺自己的大腿，血一直流到脚，终于自信地说："这样去游说国君，怎么会有不能让他拿出金玉锦绣来赏赐，获得卿相高位的道理呢？"

匡衡，字稚圭，学习很勤奋，但是家中没有蜡烛供他夜晚读书。邻居家点着蜡烛，但是光线照不到他家。于是匡衡就凿穿墙壁，让光透过来，拿着书对着烛光来读。同乡有一大户人家，不认识字，但是家里富裕，有很多书。匡衡于是给他做雇工，但是却不要报酬。主人很奇怪地问匡衡，匡衡说："希望能得到允许把主人的书全部读一遍。"主人很感慨，就提供给他书读。匡衡最终成为一名大学者。

车胤恭谨勤奋不知疲倦，博学多才。但他家里很穷，经常没有灯油用，他就在夏天晚上，用白丝袋装几十个萤火虫来照明读书，夜以继日地学习。

【义理揭示】

这里选的汉代孙敬、战国苏秦、西汉经学家匡衡、晋代孙康的四个故事，就是成语"悬梁刺股""凿壁借光""囊萤映雪"的出处。从这些故事中可以看出苦学的两重含义：一是对自己要求极端严苛，二是面对艰苦环境善于自己创造条件学习。苏秦的故事，也说明对地位财富和尊严的渴望，可以化作勤学的动力。

三 师旷论学

【原文选读】

晋平公问于师旷①曰："吾年七十，欲学，恐已暮②矣。"师旷曰："暮何不炳烛乎③?"平公曰："安有为人臣而戏④其君乎?"师旷曰："盲臣安敢戏其君乎? 臣闻之：少而好学，如日出之阳⑤；壮而好学，如日中⑥之光；老而好学，如炳烛之明。炳烛之明，孰与昧行⑦乎?"平公曰："善哉!"

（选自西汉·刘向《说苑》）

注释：

①师旷：春秋时晋国的著名盲乐师。所以下文他自称"盲臣"。

②暮：暮年，年纪大了。

③暮何不炳烛乎：天黑了为什么不点起蜡烛呢?"暮"是双关，既指天黑，又指暮年。炳，点燃。

④戏：戏弄。

⑤阳：阳光。

⑥日中：正午。

⑦昧（mèi）行：在昏暗中行走。

【文意疏通】

春秋时晋国的国君平公问盲乐师师旷说："我已七十岁，想要学习，恐怕晚了，年纪太大了。"师旷回答说："天黑了为什么不点上蜡烛呢？"晋平公说："哪有做臣子却开国君玩笑的呢？"师旷说："我怎敢开国君的玩笑呢？我听说：少年好学，好像早晨的阳光；壮年好学，好像正午的阳光；老年好学，好像点着蜡烛发出的光亮。点燃蜡烛发出光亮，和在昏暗中行走相比如何呢？"晋平公说："说得好呀！"

【义理揭示】

师旷的回答"暮何不炳烛乎"非常巧妙，一语双关。他把人的一生比喻成从早晨到夜里的历程，不管处在哪一段，人总是需要光明的，而学习，就是照亮自己的方式。年纪大了，如果不学习，就好像在黑夜中行走。如果能够学习，虽然获得的只有烛光一样的光亮，那也可以驱走精神世界中的黑暗和蒙昧。

四 士别三日当刮目相待

【原文选读】

初①，权谓蒙及蒋钦②曰："卿今并当涂掌事③，宜学问以自开益④。"蒙曰："在军中常苦多务⑤，恐不容复读书。"权曰："孤岂欲卿治经为博士邪⑥？但当令涉猎⑦见往事耳。卿言多务，孰若⑧孤？孤少时历⑨《诗》、《书》、《礼记》、《左传》、《国语》，惟不读《易》。至统事⑩以来，省三史⑪、诸家兵书，自以为大有所益。如卿二人，意性朗悟⑫，学必得之，宁当⑬不为乎？宜急读《孙子》、《六韬》、《左传》、《国语》及三史。孔子言：'终日不食，终夜不寝以思，无益，不如学也。'光武⑭当兵马之务，手不释卷。孟德⑮亦自谓老而好学。卿何独不自勉勖⑯邪？"蒙始就学⑰，笃志不倦，其所览见，旧儒不胜。

后鲁肃上代周瑜⑱，过蒙⑲言议，常欲受屈⑳。肃拊㉑蒙背曰："吾谓大弟但有武略㉒耳，至于今者，学识英博，非复吴下阿蒙。"蒙曰："士别三日，即更刮目㉓相待。大兄今论，何一称穰侯㉔乎？兄今代公瑾，既难为继，且与关羽为邻。斯人长而好学，读《左传》略皆上口㉕，梗亮㉖有雄气，然性颇自负，好陵㉗人。今与为对，当有单复以乡待之㉘。"密为肃陈三策，肃敬受之，秘而不宣。

权常叹曰："人长而进益，如吕蒙、蒋钦，盖不可及也。富贵荣显，更能折节㉙好学，耽悦书传，轻财尚义，所行可迹㉚，并作国士㉛，不亦休㉜乎！"

（选自《三国志·吕蒙传》裴松之注引晋·虞溥《江表传》）

注释：

①初：起初、当初。

②权谓蒙及蒋钦：孙权对吕蒙和蒋钦说。孙权，字仲谋，三国时东吴君主。吕蒙和蒋钦都是东吴的将领。

③卿今并当涂掌事：你们两个现在都身居要职掌管大事。卿，君对臣的爱

称。并，都。当涂，当道，指身居要职。

④开益：启发增益。开，启发。

⑤多务：事务繁多。

⑥孤岂欲卿治经为博士邪：我哪里是想让你们研究经典做博士官呢？孤，王侯谦称。治，研究。博士，汉代设博士官，教授儒家经典。

⑦涉猎：广泛阅读。

⑧孰若：怎么比得上。

⑨历：历读，一一阅读。

⑩统事：总揽国家事务，此指做国君。

⑪省三史：阅读《史记》、《汉书》、《东观汉记》三部史书。省，察。

⑫朗悟：反应敏捷，聪颖。

⑬宁当：难道。

⑭光武：东汉的开国皇帝光武帝刘秀。

⑮孟德：曹操，字孟德。

⑯勖（xù）：勉励。

⑰就学：去学习。

⑱鲁肃上代周瑜：鲁肃从京口上江陵接替周瑜的职务。

⑲过蒙：拜访吕蒙。

⑳常欲受屈：常有几乎被折服的情况。屈，服。

㉑拊（fú）：拍。

㉒但有武略：只有军事才能。

㉓刮目：擦眼睛，指改变旧的看法。

㉔一称（chèn）穰（ráng）侯：竟然和穰侯一样反应迟钝。一，竟然。称，相符合，情况一样。穰侯，即魏冉，战国时秦国丞相，《史记》记载别人评价他"见事迟"，即反应迟钝。

㉕上口：读得很熟，能顺口说出。

㉖梗（gěng）亮：刚正磊落。

㉗陵：欺侮。

㉘有单复以乡待之：有应对的计策来对付他。单复：犹奇正，古代指战术。乡，通"向"。

㉙折节：自我克制，改变平日作为。

㉚迹：效法。

㉛国士：国家的杰出人才。

㉜休：美好。

【文意疏通】

当初，孙权对吕蒙和蒋钦说："你们两个现在都身居要职掌管大事，应该勤学善问来自我启发，有所长进。"吕蒙说："在军中常苦于事务繁杂，恐怕无法再读书。"孙权说："我哪里是想让你们研究经典做博士官呢？只是让你们广泛阅读了解历史上发生过的事情罢了。你说事务繁多，论事务繁多你比得上我吗？我年轻时阅读过《诗经》《尚书》《礼记》《左传》《国语》，只是没有读《易经》。到我总揽国家事务以来，又阅读了《史记》《汉书》《东观汉记》三部史书以及各家兵书，自己觉得很有好处。像你们两个人，天性聪颖，学习一定有所得，难道能不去做吗？应当赶紧读《孙子》《六韬》《左传》《国语》及三史。孔子说：'整天不吃，整夜不睡去思考，没有益处，不如去学习。'光武帝刘秀担当统领军队的要务，手中都不放下书。曹操也说自己年纪大了还好学。你们怎么就不能自我勉励呢？"吕蒙就开始学习，志向坚定，不知疲倦，他读的书之多，连老儒生都比不上。

鲁肃从京口上江陵接替周瑜的职务，去拜访吕蒙，谈话中常有几乎要被吕蒙折服的情况。鲁肃拍着吕蒙的背说："我以为老弟只

有军事才能，现在你学问广博，不再是当年吴地的阿蒙了。"吕蒙说："读书人分别三天，就应该另眼相看。老兄现在才说这样的话，怎么竟然和穰侯一样反应迟钝呢？老兄现在取代周瑜领兵，已难以继承他的重任，况且又和关羽把守的地方相邻。关羽年纪大，但很好学，熟读《左传》能顺口说出其中的句子。他刚正磊落，有英雄气概。但是他很自傲，常看不起别人。现在你与他成为对手，要有应对的计策来对付他。"于是秘密地给鲁肃陈述了三条计策，鲁肃恭敬接受，并且对外保密不说出去。

孙权常感叹说："一个人年纪大了还能进步，像吕蒙、蒋钦那样，是很难做到的。地位高了，又能改变平日行为去学习，喜欢读书，看轻财物而重视道义，所作所为值得效仿，两个人都成为国家的杰出人才，这不是非常好吗！"

【义理揭示】

对于不想学习的人来说，永远都是有借口的。吕蒙说自己忙，没空读书，被孙权驳斥。从此吕蒙努力读书，有所成就。故事借鲁肃的评价和孙权的感叹，来说明吕蒙读书大有成效，由此肯定了好学的行为。还要注意，孙权推荐阅读的书籍类型均为史书和兵书，由此可见，这种读书有明确的现实目的。

五　梁元帝焚书

【原文选读】

梁元帝①尝为吾说："昔在会稽②，年始十二，便已好学。时又患疥，手不得拳③，膝不得屈。闲斋张葛帏④避蝇独坐，银瓯⑤贮山阴甜酒，时复进之⑥，以自宽痛。率意⑦自读史书，一日二十卷。既未师受⑧，或不识一字，或不解一语，要自重⑨之，不知厌倦。"帝子之尊，童稚之逸⑩，尚能如此，况其庶士⑪冀以自达⑫者哉？

（北齐·颜之推《颜氏家训》）

世祖⑬性好书，常令左右读书，昼夜不绝，虽熟睡，卷犹不释，或差误及欺之，帝辄惊寤⑭。

（《资治通鉴·梁纪》）

江陵陷，元帝焚古今图书十四万卷。或问之，答曰："读书万卷，犹有今日，故焚之。"未有不恶其不悔不仁⑮，而归咎⑯于读书者，曰："书何负⑰于帝哉？"此非知读书者之言也。帝之自取灭亡，非读书之故，而抑⑱未尝非读书之故也。

（清·王夫之《论梁元帝读书》）

注释：

①梁元帝：南朝梁代皇帝，名萧绎。

②会（kuài）稽：地名，郡治在山阴（今浙江绍兴市）。

③拳：弯曲。

④闲斋张葛帏：在安静的屋子里撑起葛布帐子。

⑤银瓯：银酒杯。

⑥时复进之：经常喝一点。

⑦率意：悉心尽意。

⑧师受：接受老师讲解。

⑨重：重复思考，重复钻研。

⑩童稚之逸：容易放逸自己的儿童时代。

⑪庶士：普通人。

⑫冀以自达：希望靠自己的努力得以显达。

⑬世祖：即梁元帝。

⑭惊寤：惊醒。

⑮恶（wù）其不悔不仁：憎恶他不悔改自己的不仁。

⑯归咎（jiù）：归罪。

⑰负：辜负，对不起。

⑱抑：又也许。

【文意疏通】

北齐颜之推在《颜氏家训》中回忆梁元帝曾经对他说："以前在会稽的时候，我刚十二岁，就已经很好学了。当时我又患了疥疮，手指不能弯曲，膝盖也不能打弯。我在安静的房子里撑起葛布帐子避开蚊蝇，独自坐着，用银酒杯盛山阴产的甜酒，经常喝一点，来缓解自己的病痛。悉心尽意地读史书，一天二十卷。因为没有老师教，有时候我遇到一个字不认识，或者一句话不理解，就全靠自己反复去钻研，不知道疲倦。"对此，颜之推评论说："梁元帝当时是尊贵的王子，又在容易放逸自己的儿童时代，尚且能这样读书，何况希望靠自己的努力得以显达的普通人呢？"

《资治通鉴·梁纪》记载：梁元帝生性喜欢读书，常让身边人为他读书，昼夜不停。即使是熟睡中，手中还不放下书卷。有时候读错了，或者身边的人没有读想骗他，他都会惊醒。

王夫之在《论梁元帝读书》一文中这样评论：都城江陵被攻陷，梁元帝焚烧了所藏的十四万卷古今图书。有人问他原因，他说："读书万卷，还有今天的下场，所以烧书。"没有人不憎恶他不悔改自己的不仁，却要归罪于读书，说："书哪里对不起梁元帝呢?"这不是真正懂得读书的人说出的话。梁元帝是自取灭亡,并不是读书的缘故,但也许又不能说不是读书的缘故。

【义理揭示】

梁元帝十二岁便已好学,据《资治通鉴》记载后来更是连睡觉都要听着别人读书,不可谓不勤。这样的爱书人,竟然做出焚书的事,让人难以相信。王夫之评论梁元帝的失败"非读书之故,而抑未尝非读书之故",启发我们思考应该读什么书,应该怎样读书。

六 陆游的书巢

【原文选读】

陆子①既老且病,犹不置②读书,名其室曰书巢。客有问曰:"今子幸有屋以居,牖户墙垣③,犹之比屋④也,而谓之巢,何耶?"

陆子曰:"吾室之内,或栖于椟⑤,或陈⑥于前,或枕藉⑦于床,俯仰四顾,无非书者。吾饮食起居,疾痛呻吟,悲忧愤叹,未尝不与书俱。宾客不至,妻子不觌⑧,而风雨雷雹之变,有不知也。间⑨有意欲起,而乱书围之,如积槁枝⑩,或至不得行,则辄⑪自笑曰:'此非吾所谓巢者邪?'"乃引客就观⑫之。客始不能入,既入又不能出,乃亦大笑曰:"信乎⑬其似巢也。"

(选自南宋·陆游《书巢记》,有删节)

注释:

①陆子:陆游自称。

②置：放下。

③牖（yǒu）户墙垣（yuán）：门窗和墙。牖，窗户。户，门。垣，墙。

④犹之比屋：如同相邻人家的一般的房子。比屋，屋舍相邻。

⑤椟：木柜。

⑥陈：陈列，陈放。

⑦枕藉：纵横交错地放着。

⑧觌（dí）：相见。

⑨间：间或，有时候。

⑩槁（gǎo）枝：枯树枝。

⑪辄：往往。

⑫引客就观：带领客人去看。

⑬信乎：确实。

【文意疏通】

陆游已经年老而且有病，还不肯放弃读书，命名他的屋子为"书巢"。有位客人问："现在你有幸有屋子住，门窗墙壁，都如同相邻人家的一般的屋子，你却叫它'巢'，为什么呢？"

陆游说："我的屋子里面，书籍有的放在木柜里，有的陈列在面前，有的纵横交错地摆在床上，抬头低头四周看看，没有地方不是书。我不管饮食起居，得病呻吟，还是悲伤忧愁愤慨叹息，没有不和书在一起的时候。客人不来，妻子也不见面，刮风下雨打雷下冰雹的天气变化，有时候都注意不到。有时候想起身出去，但是杂乱的书包围着我，像堆积的枯树枝，有时候甚至没法走出去，于是往往自己笑着说：'这不就是我所说的巢吗？'"于是带领客人去看自己的屋子。客人开始进不去，等进去了又出不来，就也大笑着说："屋子确实像巢一样啊。"

【义理揭示】

　　陆游一生坚持主张抗金，饱受排挤打击。这篇文章写于他五十八岁时，当时他被罢职，在家闲居。于是他埋头勤奋读书，以至于屋子变成了一个"书巢"。这一方面表明他需要排解心中的苦闷，另一方面也体现出他有着殷切求知的精神。

七　四时读书乐

【原文选读】

春

　　山光照槛①水绕廊，舞雩②归咏春风香。

　　好鸟枝头亦朋友，落花水面皆文章③。

　　蹉跎莫遣韶光老④，人生唯有读书好。

　　读书之乐乐何如？绿满窗前草不除。

夏

　　新竹压檐桑四围，小斋幽敞明朱晖⑤。

　　昼长吟罢蝉鸣树，夜深烬落⑥萤入帏。

　　北窗高卧羲皇侣⑦，只因素稔⑧读书趣。

　　读书之乐乐无穷，瑶琴一曲来薰风⑨。

秋

　　昨夜庭前叶有声，篱豆花开蟋蟀鸣。

　　不觉商意满林薄⑩，萧然万籁涵虚清⑪。

　　近床赖有短檠⑫在，及此读书功更倍。

读书之乐乐陶陶，起弄明月霜天高。

冬

木落水尽千崖枯，炯然吾亦见真吾⑬。

坐对韦编⑭灯动壁，高歌夜半霜压庐。

地炉茶鼎烹活火⑮，一清足称⑯读书者。

读书之乐何处寻？数点梅花天地心。

（选自南宋·翁森《四时读书乐》）

注释：

①槛：栏杆。

②舞雩（yú）归咏：从舞雩唱着歌回来。舞雩，古代求雨的祭坛。这里是用《论语·先进》的典故，孔子的学生曾点叙述自己的理想说："莫春者，春服既成，冠者五六人，童子六七人，浴乎沂，风乎舞雩，咏而归。"意思是暮春，和五六个成年人、六七个青少年，在沂水中沐浴，在舞雩吹吹风，唱着歌回去。

③文章：双关，既指落花在水面形成美丽的花纹，又指这是大自然的文章，能启发人的文思。

④蹉跎（cuō tuó）莫遣韶光老：美好的时光不要让它白白度过。蹉跎，白白度日，浪费时间。韶光，美好的时光。

⑤朱晖：早晨红色的阳光。

⑥烬（jìn）落：灯燃尽，灯灰落下。

⑦北窗高卧羲皇侣：北窗下悠闲地躺着，像无拘无束的伏羲时代的人。高卧，悠闲地躺着。这里用的是陶渊明的典故，他曾说自己"五六月中，北窗下卧，遇凉风暂至，自谓是羲皇上人"。

⑧稔（rěn）：熟悉。

⑨薰风：和暖的南风。

⑩商意满林薄：秋天的气息充满了树林草丛。古代五音宫、商、角、徵（zhǐ）、羽与季节相配，商属秋。林薄，草木丛生的地方。

⑪万籁涵虚清：各种声音中都蕴含着空灵清冷。万籁，各种声音。

⑫短檠（qíng）：指灯。檠，灯架。

⑬炯（jiǒng）然吾亦见真吾：明明白白地，我也领悟到了真正的自我。炯然，明白的样子。真吾，真正的自我。

⑭韦编：熟牛皮绳联接起来的竹简，此处指书籍。

⑮地炉茶鼎烹活火：在地炉中用炭火烧茶。

⑯称（chèn）：相配。

【文意疏通】

春

青山映照着栏杆，流水环绕着回廊，舞雩归来，唱着歌儿，春风送来香气。枝头鸣叫的鸟儿都如朋友，水面漂浮的落花全是文章。美好的时光不要让它白白度过，人生只有读书最好。读书的乐趣如何？如窗前的碧草自由成长。

夏

新竹倚在屋檐，桑树种在四周。小书斋幽静敞亮，照进早晨红日的光芒。白昼悠长，吟诵完，只听蝉鸣树间。夜晚深沉，灯灰落，但见萤入帷帐。北窗悠闲地躺卧，如同伏羲时代的人，这只因我向来熟知读书的乐趣。读书的乐趣如何？弹一曲瑶琴，沐浴在和煦的南风中。

秋

昨夜庭前听到落叶声，篱间豆花开了，传来蟋蟀的歌唱。不知不觉秋天的气息弥漫在山野草木间，秋气肃杀，各种声音都蕴含着空灵清冷。床边多亏有支短烛，此时读书事半功倍。读书的乐趣陶陶然，起身只见明月高悬霜天。

冬

树叶落尽，水落石出，处处都是枯崖。豁然开朗，明明白白，我也悟到了真我。坐对书卷，灯影在墙上摇晃。高声吟咏，半夜寒霜压庐。地炉中炭火正烧茶，清茗正适合读书人。读书的乐趣哪里去寻？几点梅花，蕴含着天地之心。

【义理揭示】

四首诗都写出读书环境之美：春天的山光、春风、落花、碧草，夏天的桑竹、小斋、流萤、薰风，秋天的黄叶、豆花、明月、霜天，冬天的寒林、枯崖、清霜、梅花。伴随人的读书之声，还有鸟鸣、蝉鸣、蟋蟀鸣，风吹树叶声。人的歌声，琴声也时时响起。这种读书的状态，是与天地自然融合，自由自在，无拘无束，远离尘嚣，超脱世俗。读书何为？那就是"见真吾"——认识真正的自我，回归本真。读书的乐趣，就在于追寻这种自然之道。

八　恨未遍读天下书

【原文选读】

先是①，**缵**②读书武安湖上，自号南湖居士。及是，增构草堂数楹③，贮书数千卷其中，昼夜诵读，目为之眚④，犹日令人诵而听之，其癖好如此。

（《高邮州志·张缵传》）

吾生无所好，所好古秦灰⑤。旧阅痕犹在，新装手未开。善藏防蠹⑥损，能读望儿才。犹胜营营⑦辈，金籯⑧满室堆。

（《高邮张氏遗稿·高祖南湖公诗集遗珠》）

注释：

　　①先是：此前，这之前，指罢官回乡之前。

　　②缢（yán）：张缢，字世文，号南湖居士，高邮（今江苏省高邮市）人。明代文学家，著有《诗馀图谱》等。

　　③增构草堂数楹：增建几间茅屋。构，造。楹，间。

　　④眚（shěng）：眼睛生出影响视力的白膜。

　　⑤秦灰：指书籍，用了秦始皇焚书的典故。

　　⑥蠹（dù）：蛀虫。

　　⑦营营：忙忙碌碌不知休息的样子。

　　⑧金籯（yíng）：储存黄金的竹器。

【文意疏通】

　　据《高邮州志》记载：以前张缢就曾在武安湖边读书，自号南湖居士。到现在罢官回乡，又增建几间茅屋，在里面藏了几千卷书，白天黑夜读个不停。眼睛因此生了白膜，但还是每天让人读给自己听。他对书的爱好到了这种程度。

　　张缢写的最后一首诗标明写作时间为"嘉靖癸卯夏月"，可知这是他的临终绝笔。他这首诗的题序是"吾志在读书，未能遍读，可恨可恨"。全诗如下："我平时没有其他爱好，只是喜欢读书。旧书以前读过的痕迹还在，新书还没有亲手打开。好好收藏防止虫蛀，期待儿孙有读书之才。胜过那些忙忙碌碌逐利的人，只在家里堆满一筐筐的黄金。"

【义理揭示】

从《高邮州志》的其他记载来看，张绶做官时赈济百姓，重视教育，很得民心。罢职回乡后他虽然已经年老，但还是读书不停，眼睛读坏了，还要听人读。他的绝笔诗，传达了对书籍的珍爱，对子孙能延续家风的期待。到了人生的最后阶段，他最大的遗憾竟是"志在读书，未能遍读"。他还有一首《自像赞》，末尾两句说："惟窃有志于学焉，斯终身而不敢惰者也。""终身不惰"，他确实做到了。

九 夜读闲书

【原文选读】

余生发未燥①，先府君小山翁见背②，母袁孺人斋素奉佛辟经以供朝夕③，课④贱兄弟读举子书。家每⑤赤贫，岁又大祲⑥，米不可得食，食麦。孺人私啖麸⑦，而以面啖贱兄弟，不使贱兄弟知也。时余才六龄，家兄春甫亦仅十龄尔已。

余聪颖故逊⑧家兄，而善强记。然气故孟浪⑨，举子书不喜，喜《齐谐》⑩诸书，见辄津津有味乎其言之惟恐易尽，盖年十一二时而所览睹⑪多矣。家无书，得诸⑫尾生十九。有蓄异书者，徒步数十里外求，必得之。然善爱护书，人不靳与⑬。每乞一编归，穷日之力阅之，夜则就佛前长明灯，阅毕乃已。漏⑭下二十刻，微有睡思。余强睁两睛，而家兄噗⑮以火烟，令不至眠。以此目力耗⑯于火光，今遂盲于夜读。

（选自明·蒋一葵《尧山堂外纪颠末》）

注释：

①生发未燥：生下来头发未干，形容刚刚出生。

②先府君小山翁见背：父亲小山翁就丢下我去世了。先，尊称死去的人。府君，对死去的人的敬称。见背，背弃我，指去世。

③母袁孺人斋素奉佛辟经以供朝夕：母亲袁孺人吃素供佛奉经，早晚之间照顾我们。孺人，明清之际对女子的尊称。

④课：督促。

⑤每：常常。

⑥岁又大祲（jìn）：又碰上大灾荒的年景。岁，年。大祲，严重歉收，大饥荒。

⑦私啖（dàn）麸（fū）：背着我们吃麸皮。啖，吃。麸，小麦磨成面粉，剩下的皮屑。

⑧故逊：本来就比不上。

⑨孟浪：做事轻率鲁莽。

⑩《齐谐》：志怪之类的书。

⑪览睹（dǔ）：阅览。

⑫诸：兼词，之于。

⑬人不靳（jìn）与：别人都不会吝惜借给。靳，吝惜，不肯给。与，给。

⑭漏：即漏壶，古代计时器，可以滴水或漏沙，有刻度以标记时间。

⑮喷（xùn）以火烟：口含烟来喷。喷，含在口中喷。火烟，火焰和烟气。

⑯耗：损伤。

【文意疏通】

我刚刚出生胎发未干，父亲小山翁就丢下我去世了。母亲袁孺人吃素供佛奉经，早晚之间照顾我们，督促我们兄弟二人读科举考试的书。家里常常极其贫困，又碰上大灾荒的年景，米吃不到，只能吃麦。母亲袁孺人背着我们吃麸皮，却把面粉给我们兄弟二人吃，不让

我们知道这事。当时我才六岁，我的哥哥春甫也刚刚十岁罢了。

我聪明的程度本来就比不上哥哥，不过我善于强记。但是我生性轻率鲁莽，不喜欢读科举考试的书，喜欢《齐谐》那样的志怪书籍，见了就读得津津有味只害怕很容易就读完了，所以十一二岁读得就已经很多了。家里没有藏书，十分之九是从尾生那里借到的。听到有人藏有奇书，步行几十里去寻求，一定要借到它。但我很善于保护书，所以别人都不会吝惜借给我。每要到一卷回家，白天尽力去读，夜里就着佛前长明灯的光继续读，直到读完才停下。漏壶水滴到了二十刻，我略微有瞌睡的感觉。我强行睁着两眼，哥哥口含烟来喷我，让我不至于打盹。因此眼被烟熏伤，现在我的眼睛夜里无法读书了。

【义理揭示】

蒋一葵因为从小勤于读和科举考试无关的笔记、志怪之类的书，日夜不停，所以他后来能够编成《尧山堂外纪》，成为现在研究古代文史重要的资料。著名学者郑振铎先生就曾说此书"有丰富的史料，对研究文学史的人特别有用"。实际蒋一葵后来一边一再忏悔幼时没有好好读"举子书"，辜负了慈母的期望，一边又忍不住编写《尧山堂外纪》。当非功利的读书遭遇功利的读书，我们该何去何从？这个问题值得思考。

十 旦旦而学之

【原文选读】

天下事有难易乎？为之，则难者亦易矣；不为，则易者亦难矣。人之为学有难易乎？学之，则难者亦易矣；不学，则易者亦难矣。

吾资之昏①，不逮②人也，吾材之庸，不逮人也；旦旦而学之，久而不怠③焉，迄④乎成，而亦不知其昏与庸也。吾资之聪，倍人⑤也，吾材之敏，倍人也；屏弃⑥而不用，其与昏与庸无以异⑦也。圣人之道⑧，卒于鲁也传之⑨。然则昏庸聪敏之用，岂有常⑩哉！

（选自清·彭端淑《为学一首示子侄》）

注释：

①吾资之昏：我天资愚笨。资，天资。昏，愚笨。

②逮（dài）：及，比得上。

③怠（dài）：懈怠，懒惰。

④迄（qì）：到，至。

⑤倍人：是别人的两倍。

⑥屏（bǐng）弃：废弃，舍弃。

⑦无以异：没什么不同。

⑧圣人之道：指孔子的学说。

⑨卒于鲁也传之：最终由迟钝的曾参来传承。卒，最终。鲁，迟钝，指孔子的弟子曾参。孔子说"参也鲁"，语出《论语·先进》。

⑩常：恒，固定不变。

【文意疏通】

　　天下的事情有困难和容易之分吗？只要去做，那么困难的事也变得容易了；如果不做，那么容易的事也变得困难了。人们求学有困难和容易之分吗？只要去学，那么难的也变得容易了；如果不学，那么容易的也变得困难了。

　　我天资愚笨，比不上别人，我才能平庸，比不上别人；但我每天不停地学习，长时间不懈怠，等到学成了，也就不觉得自己是愚笨平庸的了。我天资聪明，是别人的两倍，我才思敏捷，是别人的两倍；如果放弃这种聪明不用，那和愚笨平庸的人就没有什么不同了。圣人孔子的学说最终是由迟钝的曾参来传承的。既然这样，那么愚笨平庸和聪明敏捷的功用，难道会固定不变吗？

【义理揭示】

　　愚钝、聪敏的功用并非一成不变，只要努力勤学，那么愚钝的也可以有所成就。如果不肯学习，那么聪敏的也会一事无成。为学的根本在于天天坚持，毫不懈怠。所以，我们一要不畏艰难，立志勤学，二要持之以恒。做到了这两点，不管天资如何，都会一天天进步的。

　　明末清初著名学者、思想家顾炎武有部代表作《日知录》，书名取之于《论语·子张》"日知其所亡，月无忘其所能，可谓好学也已矣"一句。顾炎武要求自己每天都要学到一点新东西，就这样积累了三十余年，便写成了这本书。这是对"学而不厌"的最好诠释。

"不厌"的意思是不知满足，一直持续地学下去，也就是说，这是一种终身学习的理念。也只有"不厌"，才能做到"日知"。何以能够做到不厌呢？是因为人们对于学习的作用有着清晰的认识。师旷回答晋平公的话"少而好学，如日出之阳；壮而好学，如日中之光；老而好学，如秉烛之明"，说明了在人生的任何阶段，学习都是必要的，也是最有效的。

这种有效，也许指向现实的功用。"士别三日当刮目相待"的故事告诉我们，学习有助于提升在现实世界中需要的一些能力。苏秦连横不成，发奋学习，最后合纵成功的故事，说明学习可以带来名声、地位、财富，有助于个体自我价值的实现。

这一点鲜明地体现在一些流传广泛，其中有的甚至已经成为成语的勤学故事中，如孙敬头悬梁、苏秦锥刺股、匡衡凿壁偷光、董仲舒目不窥园、车胤囊萤照读、孙康映雪苦学、倪宽带经而锄、王冕僧寺夜读……这些故事的主角，内则严格自律，外则努力利用一切可能的条件，无不能够忍受常人不能忍受的境遇，真可谓"书山有路勤为径，学海无涯苦作舟"。而故事的主角几乎总能功成名就，故事中极力渲染他们求学之苦，也许正是要表明"吃得苦中苦，方为人上人"的道理。

应该承认，对个人的名声、地位、财富的渴望，不仅体现了对个体自我价值实现的追求，也确实可以转化为读书的强大动力。难怪宋真宗赵恒以"书中自有千钟粟""书中自有黄金屋""书中自有颜如玉"来诱人读书。但是，如果认为读书就是为了这些，则未免把好学不厌的精神庸俗化了。像陆游读书于"书巢"、张缙读书武安湖上，都已步入老年。对他们来说，读书显然并非博取功名利禄的途径，我们只能说他们是为了"求道"而读。张缙死前留下

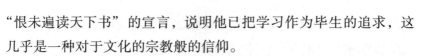

"恨未遍读天下书"的宣言，说明他已把学习作为毕生的追求，这几乎是一种对于文化的宗教般的信仰。

有趣的是，为出人头地而学习的故事中，常常会强调"苦读"；而为"求道"而读，则往往会渲染求知之"乐"。蒋一葵"举子书不喜，喜《齐谐》诸书"，他津津有味地彻夜读书，读的都是和科举考试无关的闲书。这积累虽无益于他考中功名光宗耀祖，却使他编撰成《尧山堂外纪》，保存了学术史上的宝贵资料。

这种追求真理的乐趣，也许才真正是学而不厌的根本动力。孔子曾说过"好之者不如乐之者"。只有以学习为乐的人，才能永不知足地学习，如彭端淑《为学一首示子侄》中所说的那样"旦旦而学之，久而不怠焉"。孔子闻《韶》乐，竟至于"三月不知肉味"，他称赞《韶》为"尽美矣，又尽善也"。他读《周易》多次翻断了穿书简的牛皮带子，留下了"韦编三绝"的美谈。正是出于这种对文化典籍的热爱，他才能"发愤忘食，乐以忘忧，不知老之将至"。翁森《四时读书乐》中感叹"人生唯有读书好"，渲染四季读书的不同乐趣，其中提到的是"趣"，是"天地心"，并无一字讲到功名利禄。所以"乐学不厌"，从根本意义上说，是出于一种"朝闻道，夕死可矣"的自觉追求。

最后需要特别指出的是，儒家经典中提到的"学"，往往与社会人生的问题紧密相连。孔子提到《诗经》时说："诵诗三百，授之以政，不达；使于四方，不能专对。虽多，亦奚以为？"这就是说，要把学习经典用于解决现实问题，比如处理政事、外交应对等。如果既对解决现实问题没用，又对文化的保存与弘扬无益，不管怎样好学都不值得提倡。极端的例子是梁元帝，都城被攻破，他竟归罪于读书，还烧毁了古今图书十四万卷。这是古代文化史上的一大浩劫，先秦至六朝典籍的散佚，元帝难辞其咎。清初思想家王夫之在《论梁元帝读书》一义中猛烈地抨击他，说他"搜索骈丽，攒集影迹，以夸博记"，意思是说搜索史料典故，以华丽的排比对偶句，来夸耀自己博闻强记。梁元帝根本不关心国事，沉迷于此。王夫之的结论是，这种读书是玩物丧志，和赌博之类的嗜好差不多。

所以说，真正的"学而不厌"是有前提的。再以开篇提到的顾炎武为例。他手不释卷，勤学不止，日有所得，记录而成《日知录》。他的勤学不是闭门造车，不是象牙塔里的自娱自乐。《日知录》以明道、救世为宗旨，"意在拨乱涤污"，力图解决社会问题。这才是"日知其所亡，月无忘其所能，可谓好学也已矣"。

文化传递

著名思想家、教育家梁漱溟（1893—1988）早年任教于北京大学，后投身教育以及乡村建设。他的主要著作有《东西文化及其哲学》《中国文化要义》《人心与人生》《乡村建设理论》等。他的学术思想和社会活动在现当代造成了广泛的影响，被誉为"中国最后一位儒家"。

这样一位成就卓越的学者，却在《我的自学小史》中自述小时候很"呆笨"，称自己的一生"是一个自学的实例"。他回忆自己在小学时成绩只是中等以下，有这样的成就，完全得益于自学。

这种自学，前提是要有"一片向上心"，对自己有不肯让一天的光阴随便浪费过去的要求。自学意味着让自己的整个生命处在一种蓬勃向上的状态中，始终力争上游，不断吸纳知识，提升能力，

　　而且要不断学习做人做事的道理。梁漱溟推崇"活到老，学到老"的学习态度，认为任何一个人的学问成就都是出于自学，学校教育不过给学生一个开端，使学生更容易自学而已。

　　对于自学者来说，最好有良师益友的帮助。梁漱溟受父辈的影响，才大量阅读了杂志、报纸。而他1906年考入"顺天中学堂"后，又碰上了志同道合者，养成了很好的学习习惯。当时有三个同学和他很要好，于是四个人一起自学，像英文、代数、几何、三角等学科，他们往往能在老师讲之前先加以学习。这样的经历让梁漱溟觉得没有不能自学的功课。

　　这种自学，自然需要相当的自制力。但这并不意味着学习是苦的。梁漱溟始终关注中国问题、人生问题，而对中国社会问题的关注又超过人生问题。他希望能以自己的所学，为民族寻找出路。有了这样的目标，学习就变成了自觉的行为，不仅仅是为追求知识而学，也为改变自己的处境而学，所以才能乐在其中，学而不厌。

　　梁漱溟说："像我这样，以一个中学生而后来任大学讲席者，固然多半出于自学。"实际上，每个人，不管从事何等事业，都应该是个终生孜孜不倦的自学者。

文化感悟

　　1. 如何理解梁漱溟先生说的"单是求知识，却不足以尽自学之事"？

　　2. 有人主张"苦学"，有人强调"乐学"，你的意见如何？

　　3. 确定自己的发展方向，制订一个可行的自学计划。

第四章　内省自新

一　曾参三省

【原文选读】

曾子①曰："吾日三省②吾身：为人谋而不忠乎？与朋友交而不信③乎？传④不习乎？"

（《论语·学而》）

曾子有疾，召门弟子曰："启⑤予足！启予手！《诗》⑥云：'战战兢兢，如临深渊，如履⑦薄冰。'而今而后，吾知免夫！小子⑧！"

（《论语·泰伯》）

曾子曰："君子攻⑨其恶，求其过，缰⑩其所不能，去私欲，从事于义，可谓学矣。君子爱日⑪以学，及时以行，难者弗辟⑫，易者弗从⑬，唯义所在，日旦⑭就业，夕而自省思，以殁其身，亦可谓守业矣。"

（《大戴礼记·曾子立事》）

注释：

①曾子：即曾参，孔子学生。

②三省（xǐng）：多次反省，多次自我检查。三，多次。

③信：诚信，讲信用。

④传：老师传授的东西。

⑤启：视，看。

⑥《诗》：下面几句出自《诗经·小雅·小旻》。

⑦履：踩在上面走。

⑧小子：后生小辈，长辈对晚辈的称呼。

⑨攻：治，对付。

⑩缰：通"强"。

⑪爱日：珍惜光阴。

⑫辟：通"避"。

⑬易者弗从：容易做的事也不会随意盲从去做。

⑭日旦：每天早上。

【文意疏通】

曾子说："我每天多次反省自己：为别人做事是不是尽心负责呢？和朋友往来是不是讲信用呢？老师传授的东西我有没有实习呢？"

曾子病了，叫门人弟子们来，说："看看我的脚，看看我的手！《诗经》说：'战战兢兢，像是面临深渊，像是在薄薄的冰上走。'从今以后，我知道自己可以免于毁伤了！学生们！"

曾子说："君子对治自己的不足，查找自己的过错，增强自己能力薄弱的地方，去除自己的私欲，从事于仁义，这样就可以称为好学了。君子珍惜光阴来学习，及时去实践，困难的不避开，容易的不随意盲从去做，只看是否合于义的原则，每天早上开始做事，晚上进行自我反省，一直到死都坚持如此，这样也就可以称为能守护君子之业了。"

【义理揭示】

曾子临终时让学生看他的手脚，意思是身体发肤受之于父母，他一直小心地保持没有损伤——身体尚且如此，何况德行。曾子每天都在战战兢兢地反省自我，连微小的过失都要改正，所以到了生命的最后才能安心地说"我知道自己可以免于毁伤了"。他是想让学生们明白，反躬自省是每天必做的功课，要坚持到生命的最后时刻。

二 过勿惮改

【原文选读】

子曰："君子不重①则不威，学则不固。主②忠信，无友③不如己者。过则勿惮改。"

（《论语·学而》）

哀公④问："弟子孰⑤为好学？"孔子对曰："有颜回者好学，不迁怒，不贰过⑥，不幸短命死矣。今也则亡⑦，未闻好学者也。"

（《论语·雍也》）

子曰："已矣乎⑧！吾未见能见其过而内自讼⑨者也。"

（《论语·公冶长》）

子曰："过而不改，是谓过矣。"

（《论语·卫灵公》）

子贡曰："君子之过也，如日月之食焉。过也，人皆见之；更也，人皆仰之。"

（《论语·子张》）

注释：

①重：庄重。

②主：以……为主。

③友：和……交朋友。

④哀公：春秋时鲁国的国君鲁哀公。

⑤孰：谁。

⑥贰过：重犯同样的过错。

⑦亡：通"无"。

⑧已矣乎：算了吧，表示感叹语气。

⑨讼（sòng）：责备。

【文意疏通】

孔子说："君子不庄重就没有威严，学业就不稳固。要以忠和信两种道德为主，不要和不如自己的人交朋友。有了过错不要怕改正。"

鲁哀公问孔子："你的学生中谁是好学的呢？"孔子回答说："有个叫颜回的好学，他不迁怒于别人，不重犯同样的过错，不幸短命死了。现在没有那样的人了，没听说谁是好学的。"

孔子说："算了吧，我还没有见过能看到自己的错误便从内心责备自己的人。"

孔子说："有了错误而不改正，这才真叫错了。"

子贡说："君子的过错好比日食、月食。他犯过错时，人人都看得到；他改正过错时，人人都仰望着。"

【义理揭示】

孔子所以称颜回"好学"，是因为他犯了错就能改正，以后不会重复再犯。人们犯错后往往会找出一些理由为自己辩解，不肯从自身找原因，这样错误就得不到纠正，这种"惮改"的做法，本身就是错误的。真正的君子，要能自省自责，有错就改。

三 反求诸己

【原文选读】

爱人不亲，反其仁①；治人不治②，反其智；礼人不答，反其敬——行有不得者，皆反求诸③己，其身正而天下归之。

（《孟子·离娄上》）

有人于此，其待我以横逆④，则君子必自反⑤也：我必不仁也，必无礼也，此物奚宜至⑥哉？其自反而仁矣，自反而有礼矣，其横逆由⑦是也，君子必自反也：我必不忠。自反而忠矣，其横逆由是也，君子曰："此亦妄人⑧也已矣。如此，则与禽兽奚择⑨哉？于禽兽又何难⑩焉？"

（《孟子·离娄下》）

仁者如射：射者正己而后发⑪，发而不中，不怨胜己者，反求诸己而已矣。

（《孟子·公孙丑上》）

注释：

①反其仁：反问自己的仁爱是否不够。反，反问自己。其，指自己。

②治人不治：管理别人但是没有管好。

③诸：兼词，之于。

④横（hèng）逆：蛮横无礼。

⑤自反：反躬自问，自我反省。

⑥此物奚宜至：这种态度怎么会来。

⑦由：通"犹"，还。

⑧妄人：狂人。

⑨奚择：有什么区别。择，区别，不同。

⑩难：责难。

⑪发：射箭。

【文意疏通】

爱别人而别人却不亲近我，就要反问自己的仁爱之心是否不够；管理别人但是没有管好，就要反问自己的才智是否不够；礼待别人可是别人不回应，就要反问自己的恭敬程度是否不够——任何行为没有得到预期效果，都要反过来从自身寻找原因。如果自身行为端正，天下都会归附。

假定有个人，他对我蛮横无礼，那么君子必定反躬自问：我一定不仁，一定无礼吧，不然，他的这种态度怎么来的？如果反躬自问后确认自己是仁的，是有礼的，而那人还是这样蛮横无礼，君子必定再次反躬自问：我一定不忠吧？如果反躬自问后确认自己是忠的，而那人还是蛮横无礼，君子就会说："这不过是个狂人罢了。像这样的人和禽兽有什么区别呢？而对禽兽又有什么可责难的呢？"

仁人好比参加射箭比赛的人：射箭者先端正自己的姿态而后放

箭，如果没有射中，不去埋怨胜过自己的人，而是反过来从自身寻找原因。

【义理揭示】

孟子讲的"反求诸己"包含对人和对事两个层面。君子总是以仁、礼、忠的原则来对待他人。如果碰上对方蛮横无理，要先反思自己有没有过错。如果确定没有过错，那么也只需要把对方看成狂人不予理睬。君子如果碰到做事不顺利，就一定要反省自己是否有不足的地方，而不会怨天尤人。

四 负荆请罪

【原文选读】

廉颇①曰："我为赵将，有攻城野战之大功，而蔺相如徒以口舌为劳②，而位居我上。且相如素贱人③，吾羞，不忍为之下！"宣言④曰："我见相如，必辱之。"相如闻，不肯与会⑤。相如每朝⑥时，常称病，不欲与廉颇争列⑦。已而相如出，望见廉颇，相如引车避匿⑧。

于是舍人⑨相与谏曰："臣⑩所以去亲戚而事君者，徒慕君之高义也。今君与廉颇同列⑪，廉君宣恶言，而君畏匿之，恐惧殊甚⑫。且庸人尚羞⑬之，况于将相乎？臣等不肖⑭，请辞去。"蔺相如固止之，曰："公之视廉将军孰与⑮秦王？"曰："不若也。"相如曰："夫以秦王之威，而相如廷⑯叱之，辱其群臣。相如虽驽⑰，独⑱畏廉将军哉？顾⑲吾念之，强秦之所以不敢加兵于赵者，徒以吾两人在也。

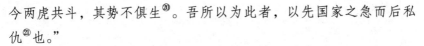

今两虎共斗，其势不俱生㉑。吾所以为此者，以先国家之急而后私仇㉑也。"

廉颇闻之，肉袒负荆㉒，因㉓宾客至蔺相如门谢罪，曰："鄙贱之人，不知将军㉔宽之至此也！"

卒相与欢，为刎颈之交㉕。

（选自《史记·廉颇蔺相如列传》）

注释：

①廉颇：战国时赵国名将。

②而蔺（lìn）相如徒以口舌为劳：而蔺相如只凭言辞立下功劳。蔺相如，战国时赵国大臣，此时因在"完璧归赵""渑池之会"等外交事件中的出色表现，被授予上卿。廉颇也是上卿，但蔺相如的位次比廉颇更高。

③素贱人：本来是卑贱的人。蔺相如做过赵国宦官头目缪贤的门客，所以廉颇这么说他。

④宣言：扬言。

⑤与会：和他碰面。

⑥朝：上朝。

⑦争列：争位次的先后。

⑧引车避匿：拉着车子躲开。

⑨舍人：门客。

⑩臣：秦汉前表示谦卑的通称，对方不一定是君主。

⑪同列：地位相当，指二人同为上卿。

⑫殊甚：太过分。

⑬羞：以……为羞。

⑭不肖：不才。

⑮孰与：比……怎么样。

⑯廷：在朝廷上。

⑰驽：无能。

⑱独：难道。

⑲顾：只是。

⑳不俱生：不能共存。

㉑先国家之急而后私仇：以国家之急为先，以私仇为后。

㉒肉袒负荆：裸露上身，背着荆条，表示愿受鞭打。

㉓因：经由，通过。

㉔将军：指蔺相如。当时上卿兼任将相，所以对蔺相如也可以称将军。

㉕刎（wěn）颈之交：誓同生死的朋友。刎，割脖子。

【文意疏通】

廉颇说："我作为赵国大将，有攻城野战的大功劳，而蔺相如只凭言辞立下功劳，他的职位却比我高。何况相如本来是卑贱的人，我感到羞耻，不甘心地位比他低。"又扬言说："我要是遇见相如，一定羞辱他一番。"蔺相如听说了，不肯和他碰面。每碰到上朝时蔺相如常常称病不去，不愿跟廉颇争位次的先后。不久，相如出门，远远看到廉颇，就拉着车子避开他。

于是蔺相如的门客们一起规劝说："我们离开亲人来侍奉您，只是因为仰慕您的高尚品德啊。现在您与廉颇地位相当，廉颇口出恶言，您却害怕他躲避他，恐惧得也太过分了。就算是普通人对此也会感到羞耻，何况是将相呢！我们不才，请允许我们辞职离开。"蔺相如坚决劝阻他们，说："你们看廉将军比起秦王来哪个厉害？"门客回答说："廉将军不如秦王。"蔺相如说："以秦王那样的威势，而我蔺相如却在秦国朝廷上呵斥他，羞辱他的大臣们。我蔺相如虽然无能，难道会害怕廉将军吗？我只是考虑到，强大的秦国不敢对赵国用兵的原因，只是有我和廉将军两人在啊。如果现在两虎相

斗，势必不能共存。我之所以要这样做，是以国家的急难为先而以个人的私仇为后啊。"

廉颇听说了，就脱去上衣，裸露上身，背着荆条，由宾客带着来到蔺相如门前请罪，说："我这个粗陋卑贱的人，想不到将军您的宽容会到这样地步！"

最终两人互相和好，结为誓同生死的朋友。

【义理揭示】

廉颇不服气蔺相如地位比自己高，而蔺相如则为国家考虑，不愿和他争斗。当廉颇一旦认识到自己的错误，便自降身份，肉袒负荆，登门请罪。相对于常人往往死要面子，不肯认错更不肯改错，廉颇这种做法果敢直爽，让人佩服。其实有错能改，比讳言己过更能赢得尊严。

五　周处改过

【原文选读】

周处①年少时，凶强侠气②，为乡里所患。又义兴水中有蛟③，山中有白额虎，并皆暴犯百姓。义兴人谓为三横，而处尤剧④。

或说处杀虎斩蛟，实冀⑤三横唯余其一。处即刺杀虎，又入水击蛟。蛟或浮或没，行数十里，处与之俱。经三日三夜，乡里皆谓已死，更相庆。竟⑥杀蛟而出。闻里人相庆，始知为人情所患，有自改意。

乃自吴⑦寻二陆。平原⑧不在，正见清河。具以情告，并云："欲自修改，而年已蹉跎⑨，终无所成。"清河曰："古人贵朝闻夕死⑩，况君前途尚可。且人患志之不立，何忧令名不彰⑪耶？"处遂改励，终为忠臣孝子⑫。

（选自南朝宋·刘义庆《世说新语》）

注释：

①周处：字子隐，晋朝吴兴郡阳羡县人，阳羡后改属义兴郡（郡治在今江苏省宜兴县）。

②凶强侠气：凶狠刚强，有霸道之气。

③蛟：传说中能发洪水的蛟龙。

④尤剧：尤其厉害。

⑤冀：希望。

⑥竟：最终。

⑦自吴：到吴地。

⑧平原：指晋代文学家陆机，他曾做平原内史。陆机和弟弟陆云时称"二陆"。陆云做过清河内史，所以下文中以"清河"代称。

⑨年已蹉跎：时光荒废太多。

⑩朝闻夕死：早上闻道，晚上死掉也不为虚度。语出《论语·里仁》："朝闻道，夕死可矣。"

⑪令名不彰：美名不彰显。令，美好。彰，显著。

⑫终为忠臣孝子：周处改过自新后，曾担任御史中丞的职务，刚直不阿，后奉命讨伐氐人叛乱，最后战死沙场。

【文意疏通】

周处年轻时，凶狠刚强霸道，被乡里人看作祸患。加上义兴郡的河里有蛟龙，山上有白额虎，都危害百姓。义兴人把它们叫作"三横"，而周处的危害尤其厉害。

有人劝周处去杀白额虎和蛟龙，其实是希望"三横"中只剩下一个。周处于是就去杀了老虎，又下河去斩杀蛟龙。蛟龙时而浮出水面，时而潜入水底，游了几十里，周处始终和蛟龙在一起搏斗。经过了三天三夜，乡里的人都认为周处已经死了，互相庆贺。最终周处杀死了蛟龙，从水中出来。他发现乡人在互相庆贺，才知道自己被人们认定是祸害，就有了自己悔改的想法。

于是到吴地寻找陆机、陆云。陆机不在家，见到了陆云。周处就把情况详细地告诉了陆云，并且说："我自己想改正错误，可是时光荒废太多，恐怕最终会无所成就。"陆云说："古人觉得早上闻道晚上就死掉都是可贵的，何况您未来的路还长。再说人就怕不能立志，又何必担心美名不能显扬呢？"周处于是励志改正，最终成为忠臣孝子。

【义理揭示】

周处年少时被人看作祸害，他自己却没有意识到。他去斩杀猛虎蛟龙，这是为民除害的行为。可见刚强霸道或许是性格使然，他并非是要存心作恶。当他发现乡人误以为自己死了而庆祝，才意识到自己的过错，然后便生出了改正的念头。这说明他有一定的自我反省的精神。他去请教陆云，其实只是需要一点支持和激励而已。改错主要还是要靠自己醒悟，自己愿意去改正。

六　戴渊自新

【原文选读】

戴渊[1]少时，游侠不治行检[2]，尝在江、淮间攻掠商旅[3]。陆机赴假④还洛，辎重⑤甚盛。渊使少年掠劫。渊在岸上，据胡床⑥，指麾⑦左右，皆得其宜。渊既神姿峰颖⑧，虽处鄙事⑨，神气犹异。机于船屋⑩上遥谓之曰："卿才如此，亦复作劫邪？"渊便泣涕，投⑪剑归机，辞厉⑫非常，机弥重之，定交⑬，作笔⑭荐焉。过江⑮，仕至征西将军。

（选自南朝宋·刘义庆《世说新语》）

注释：

①戴渊：字若思，东晋广陵（治所在今江苏扬州市）人。

②行检：操行，品行。

③攻掠商旅：抢劫来往的商人旅客。

④赴假：销假。

⑤辎重（zī zhòng）：行李。

⑥据胡床：坐在交椅上。胡床，即交椅，一种可以折叠的轻便坐具，从胡人处传入，故称胡床。

⑦指麾（huī）：通"指挥"，发令调遣。

⑧峰颖：卓尔不凡。

⑨鄙事：鄙俗低贱被人瞧不起的事。

⑩船屋：船舱。

⑪投：丢下，扔掉。

⑫辞厉：言辞，谈吐。

⑬定交：结为朋友。

⑭作笔：写信。

⑮过江：过长江，特指西晋王室南渡后建立东晋的事情。

【文意疏通】

戴渊年轻时，喜好游侠，不注意自己的品行修养。他曾在长江、淮河一带抢劫来往的商人旅客。陆机休假结束回洛阳，携带的行李物品很多。戴渊派一些年轻人来抢劫。戴渊在岸上，坐在交椅上，指挥手下的人行动，发令调遣一举一动都很恰当。戴渊本就神采出众卓尔不凡，即使干这种被人瞧不起的事，也显得神气超群。陆机在船舱里，远远地对他说："你有这样的才华，还要做这种打劫的事吗？"戴渊听后哭了，丢掉佩剑归附了陆机，谈吐不同于一般人，陆机更加器重他，和他结为朋友，又写信推荐他。晋朝王室渡江建立东晋以后，戴渊做官做到征西将军。

【义理揭示】

与周处最终自己发现错误不同，做强盗的戴渊是被陆机一句话点醒而幡然悔悟的。一旦认识到错误，他立刻放下武器归附陆机，这种果决和周处的心存疑虑也有所不同。陆机劝导戴渊的方式值得注意，他的话中透着对戴渊才华的赞扬和对戴渊做强盗的惋惜。这种委婉批评，恐怕比痛骂一番更有力量。

七 唐太宗以人为镜

【原文选读】

太宗①尝谓侍臣曰："夫人臣之对帝王，多顺旨而不逆，甘言以取容②。朕今发问，欲闻己过，卿等须言朕愆失③。"长孙无忌、李勣、杨师道④等咸云："陛下圣化⑤致太平，臣等不见其失。"泊⑥

对曰："陛下化高万古，诚如无忌等言。然顷⑦上书人不称旨者，或面加穷诘⑧，无不惭退，恐非奖进言者⑨之路。"太宗曰："卿言是也，当为卿改之。"

（《旧唐书·刘洎传》）

太宗后尝谓侍臣曰："夫以铜为镜，可以正衣冠；以古为镜，可以知兴替；以人为镜，可以明得失。朕常保此三镜，以防己过。今魏征殂逝⑩，遂亡一镜矣！"因泣下久之。乃诏曰："昔惟魏征，每显予过。自其逝也，虽过莫彰⑪。朕岂独有非于往时⑫，而皆是于兹日⑬？故亦庶僚苟顺⑭，难触龙鳞⑮者欤！所以虚己外求⑯，披迷⑰内省。言而不用，朕所甘心⑱；用而不言，谁之责也？自斯已后，各悉乃诚。若有是非⑲，直言无隐。"

（唐·吴兢《贞观政要》）

注释：

①太宗：唐太宗李世民，唐朝第二位皇帝。

②甘言以取容：说奉承话讨好别人来求得自己安身。

③愆（qiān）失：过失。

④长孙无忌、李勣（jì）、杨师道：三人都是唐初大臣，长孙无忌封赵国公，李勣封英国公，杨师道曾为中书令。

⑤圣化：圣明的教化。

⑥洎（jì）：刘洎，唐初大臣。

⑦顷：往常。

⑧穷诘（jié）：深入追究。诘，盘问，追问。

⑨奖进言者：称赞推荐进谏者。

⑩魏征殂（cú）逝：魏征去世了。魏征，唐初大臣，字玄成，一度任侍中，封郑国公。殂，死。

⑪虽过莫彰：即使有过错也显示不出来。

⑫独有非于往时：只在以前魏征活着时有过失。

⑬皆是于兹日：在今天做的全部正确。是，正确。

⑭庶僚苟顺：众位官员苟且顺从。

⑮触龙鳞：比喻臣子直言君主的过失。战国韩非子曾把帝王比作龙，说龙喉下有逆鳞，谁要是碰到了就会被龙杀死。

⑯虚己外求：虚心征求别人意见。

⑰披迷：剖析迷惑。

⑱甘心：指甘心承担责任。

⑲是非：偏义复词，偏指"非"，即错误。

【文意疏通】

　　唐太宗曾对身边的大臣们说："臣子对于帝王，大多顺着意思不去反对，说讨好的话来求得帝王喜欢。我现在问你们，想听我自己的过失，你们几个要说说我的错误。"长孙无忌、李勣、杨师道等都说："在陛下圣明的教化下，天下太平，我们找不出您的过失。"刘洎回答说："陛下的教化高于往昔的帝王，确实像长孙无忌等人说的那样。但是往常上书进谏的人如果不合您的心意，有时候您会当面深入追究，让他们无不惭愧而去。这恐怕不是鼓励进言的人的应有方式。"唐太宗说："你说的对，我应该因为你的话改正这个错误。"

　　唐太宗后来曾经对身边的大臣们说："用铜作镜子，可以端正衣冠；用古时的史实作镜子，可以知道历代兴衰更替；用人作镜子，可以明白自己的得失。我常常保有这三面镜子，来防备自己犯错。如今魏征去世，我失掉一面镜子了！"因而哭了很久。于是下诏说："过去只有魏征经常指出我的过错。自从他去世，我即使有过错也显示不出来。难道我只在以前魏征活着时有过失，在今天做的全部正确吗？恐怕还是各位官员一味地顺从，不敢来触犯龙的逆鳞吧！所以我虚心征求别人意见，剖析迷惑，进行自我反省。如果你们进言我不采用，我甘愿承担责任。如果我想要纳谏，却没人进谏，这个责任谁来承担呢？从今以后，各位都要坦诚相待，我如果有过错，要直言不讳、无所保留地都说出来。"

【义理揭示】

唐太宗李世民统治时期能出现被称为"贞观之治"的著名太平盛世，和他善于纳谏是分不开的。他深知大臣多阿谀顺从，常常主动要求他们给自己指出错误，所以选文中他能虚心听取刘洎的意见。他称魏征"见朕之非，未尝不谏"，对这位以敢于直谏闻名的大臣恩宠有加。唐太宗的"以人为镜"体现出了可贵的自省精神。

八 不贵无过，贵能改过

【原文选读】

王伯安①十一岁，奕奕神会②，好走狗斗鸡六博③，从诸少年游。一日，入市买雀，与鬻雀者争。相者④异之，出箧钱市雀⑤，送伯安曰："自爱、自爱，异日万户侯⑥也！"伯安奋激读书，以经术⑦自喜。

（清·吴肃公《明语林·改过》）

夫过者，自大贤所不免，然不害⑧其卒为大贤者，为其能改也。故不贵于无过，而贵于能改过。诸生自思：平日亦有缺于廉耻忠信

之行者乎？亦有薄于孝友之道，陷于狡诈偷刻⑨之习者乎？

（明·王阳明《教条示龙场诸生》）

学须反己。若徒责人，只见得人不是，不见自己非。若能反己，方见自己有许多未尽处，奚暇⑩责人？

（明·王阳明《传习录》）

注释：

①王伯安：即明代思想家王阳明。王阳明，名守仁，字伯安，号阳明子。

②奕（yì）奕神会：精神饱满神采飞扬的样子。

③走狗斗鸡六博：赛狗、斗鸡、赛棋等游戏。六博，古代一种掷采下棋的游戏。

④相者：以看相为业的人。

⑤出箧钱市雀：拿出自己箱子的钱买下雀鸟。

⑥异日万户侯：将来有一天会做到万户侯的。万户侯，汉代侯爵的最高一级，享有食邑万户。后来泛指高官贵爵。

⑦经术：研究儒家经典的经学。

⑧害：妨害，妨碍。

⑨偷刻：刻薄。

⑩奚暇：有什么空闲时间。

【文意疏通】

王阳明十一岁的时候，就精神饱满神采飞扬，喜欢赛狗、斗鸡、博彩等游戏，跟一帮少年混在一起游玩。有一天到市场买雀鸟，和卖鸟的人争吵。有个看相的人觉得王阳明相貌不凡，拿出自己箱子里的钱买下雀鸟，送给他，说："要自爱，要自爱！将来有一天会做到万户侯的！"王阳明于是发奋读书，尤其喜欢经学。

王阳明后来成了著名的思想家。他教导学生们说:"过错,是连大贤之人都免不了要犯的,但这并不妨碍他们成为大贤之人,正是因为他们能改正。所以可贵的不是不犯错,而是犯错能改。各位要自己反思:平时在廉耻忠信方面有做得不够的地方吗?在孝敬父母忠于朋友方面有不足的地方吗?是否陷到狡诈尖刻的习性中去了?"

王阳明说:"学习要能自我反省。如果只是要求别人,就会只看到别人的不对,看不到自己的错误。如果能够自我反省,才会看到自己有很多做得不好的地方,哪里还有什么空闲时间去指责别人?"

【义理揭示】

王阳明年少时喜好博戏玩乐,因为别人一句激励的话便发奋读书,最终成为明代"心学"的代表人物。大约是基于自己的亲身体会,他谈论起改过问题显得特别痛切中肯,他指出贤人的重要特点就是知错能改。他又一再提醒自我反省的重要性,指出责人不如责己。

九 检点心事,克制病痛

【原文选读】

人非圣贤,孰能无过。吾辈发愤为学,必须实心改过,默默检点自己心事,默默克治自己病痛。若瞒昧①此心,支吾②外面,即严师胜友朝夕从游③何益乎?

每见朋友中,自己吝于改过,偏要议论人过,甚至数十年前偶误④常记在心，以为话柄。独不思士别三日，当刮目相待。舜跖⑤之分，只在一念转移。若向来所为是君子，一旦改行，即为小人矣。向来所为是小人，一旦改图⑥，即为君子矣。岂可一事便弃阻人自新之路？更有背后议人过失，当面反不肯尽言，此非独朋友之过，亦自己心地不忠厚不光明，此过更为非细⑦。

以后如遇朋友偶有过失，即于静处尽言相告，令其改图。即所闻未真，亦不妨当面一问，以释胸中之疑。不惟不可背后讲说，即在公众中亦不可对众言之，令彼难堪，反决然自弃。交砥互砺⑧，日迈月征⑨，庶几⑩共为君子。改过迁善，为圣学第一义，我辈勉学之。

（选自清·汤斌《潜庵语录》）

注释：

①瞒昧（mèi）：隐瞒欺骗。

②支吾：讲话含混躲闪以求蒙混过关。

③从游：结交，在一起。

④偶误：偶然的错误。

⑤舜跖（zhí）：大禹这样的贤人和盗跖这样的恶人。跖，据传是春秋时反抗统治者的首领，被称为"盗"。

⑥改图：改变想法。

⑦细：小。

⑧交砥（dǐ）互砺：相当于"交互砥砺"，互相勉励磨炼。

⑨日迈月征：相当于"日月迈征"，即经过很长时间。迈征，远征，这里指时间过了很久。

⑩庶几：也许可以，表示希望或者推测。

【文意疏通】

　　人不是圣贤，谁能没有过错。我们这些人发奋学习，必须诚心改正错误，默默检查自己心中所思所想，默默纠正自己的错误。如果在内心隐瞒欺骗，在外面含混搪塞，即使有严师益友朝夕相处，又有什么用呢？

　　常见朋友中，有人自己不肯好好改正过错，偏偏要议论别人的过错，甚至几十年前偶然的过失也常记在心上，作为平时的谈资。就是不肯想想"读书人分别三天，就应该另眼相看"的道理。大禹这样的贤人和盗跖这样的恶人，区别其实就在于一念的转变。如果一个人从来的所作所为都说明他是君子，一旦改变行径，他就成了小人。一个人从来的所作所为都说明他是小人，一旦改变想法去做好事，他就变成君子了。怎么能够因为一件事情就抛弃他人，阻碍他人改过自新的路呢？更有在背后议论别人过失的情况，当面反倒不肯直说，这不仅是作为朋友不称职，还体现出自己的心地不忠厚不光明，这个错误更是不小。

　　以后如果碰到朋友偶然有过失，就应该在僻静的地方坦诚相告，让他改变想法，进而改变行为。就算是听到的不一定合乎事实，也不妨当面问问，好消除心中的怀疑。不只是不能在背后谈论，就是在大庭广众之下，也不能对众人说，不然会让当事人难堪，反而会一下子自暴自弃。朋友之间应该互相勉励，时间一长，也许就可以一起成为君子。改过向善，是圣人学说中最重要的，我们这些人应该努力来实行。

【义理揭示】

　　汤斌把过错比作"病痛"，主张要自己"默默检点"，诚心改正。他特别提出朋友之间需要互相勉励。不过指出别人错误要注意方法，不要背后论人是非，不能当众揭人短。汤斌对人的心理及行为的把握很准确，比如写不愿改错者内瞒昧外支吾，喜论人过者能记住人家几十年前的过错，被人揭短者羞怒之下会自暴自弃一错到底等。

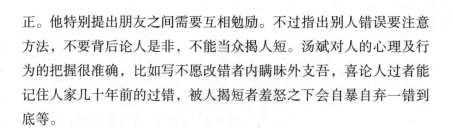

十 曾国藩的自省日记

【原文选读】

初九①日

晏起②。记初五以后事。所以须日课册③者，以时时省过，立即克去④耳。今五日一记，则所谓省察者安在？所谓自新者安在？吾谁欺⑤乎？真甘为小人，而绝无羞恶之心⑥者矣。

十八日

早起。是日，戊戌同年团拜⑦。予为值年⑧，承办诸事，早至文昌馆，至四更方归。凡办公事⑨，须视如己事。将来为国为民，亦宜处处视如一家一身之图，方能亲切。予今日愧无此见，致用费稍浮⑩，又办事有要誉⑪的意思。此两者，皆他日大病根，当时时猛省。

廿一日

晏起，眼蒙。赴张雨农饮约，更初方归。席间，面谀人，有要誉的意思。语多谐谑⑫，便涉轻佻，所谓君子不重则不威也。归途便至杜兰溪家商事，又至竺虔处久谈。多言不知戒，绝无所谓省察者，志安在耶？耻安在耶？归已夜深。

廿六日

晏起，雪雨交作，而不甚寒。内人病不愈，余亦体不舒畅，闷甚不适。高景逸⑬云，凡天理⑭自然通畅。余今闷损至此，盖周身皆私意私欲缠扰矣，尚何以自拔哉！立志今年自新，重起炉冶⑮，痛与血战一番。而半月以来，暴弃一至于此，何以为人！何以为子！

（选自清·曾国藩《曾国藩日记》，有删节）

注释：

①初九：清道光二十三年（1843）正月初九。

②晏起：晚起。

③须日课册：要有记录每日功课的册子。

④克去：克服改正。

⑤谁欺：欺骗谁。

⑥羞恶之心：对自己的不好之处感到羞耻的心。

⑦戊戌（wù xū）同年团拜：我们戊戌年同中进士的人聚在一起互相庆祝新年。同年，同时中进士的人称为"同年"，曾国藩是戊戌年（1838）的进士。团拜，聚在一起互相庆祝。

⑧值年：在当值的那一年承担相关工作。

⑨公事：公家的事。

⑩浮：浪费。

⑪要誉：追求名誉，猎取名誉。

⑫谐谑（xuè）：诙谐逗趣。

⑬高景逸：明代文学家高攀龙号景逸。

⑭天理：儒家把天理看作自然本性，相当于"天道"。"天理"是和"人欲"相对立的概念。

⑮炉冶（yě）：冶炼器物的炉子。

【文意疏通】

清道光二十三年正月初九

起得晚。记正月初五以后的事情。要有记录每日功课的册子，就是因为要靠这个时时反省自己的过错，立即就能克服改正。现在却变成五天记一次，那么所谓的省察自我的决心又在哪里？所谓的改过自新的决心又在哪里？我在欺骗谁呢？我真是甘心做小人，而没有一点对自己的毛病感到羞耻的心思。

清道光二十三年正月十八

起得早。这天，我们戊戌年同中进士的人聚在一起互相庆祝新年。我是这年当值的，要承办相关的各种事务，一早就去了文昌馆，到夜里四更天才回来。凡是办理公家的事，要像对自己的事一样看待。将来为国为民做事，也应该处处都看像是为自家、自身考虑一样，这样才能热情关切。我今天很惭愧没有贯彻这样的见识，导致花费稍多，做事情又有沽名钓誉的意思。这两个都是将来的大病根，应该时时痛加反省。

清道光二十三年正月二十一

起得晚，觉得眼睛视线模糊。赴约去张雨农那里喝酒，初更天才回来。酒席间当面奉承别人，有沽名钓誉的意思。说了些诙谐逗趣的话，有的接近轻浮，这就是《论语》说的"君子不庄重就没有威严"的道理啊。回来的路上顺便去杜兰溪家里商量事情，又去竺虔那里长谈。话说多了，不知道警戒，就谈不上所谓的省察自我了，我立的志又在哪里呢？我的耻辱心又在哪里呢？归来时已经夜深了。

清道光二十三年正月二十六

起得晚，一会儿下雪，一会儿下雨，但是不太冷。妻子的病一直不好。我也是身体不舒服，觉得烦闷不安。明代的高景逸曾说，如果自身作为符合天理，自然就会觉得通畅。我现在这样烦闷，是因为全身被私心私欲纠缠着，又怎能自我摆脱呢？立志今年要改过自新，重起炉灶冶炼自我，决心和自己的过错血战一场。可是半个月以来，却自暴自弃到了这种程度，怎么配做人？怎么配做父母的儿子？

【义理揭示】

在曾国藩的日记中，可以看到他时而因未坚持每天记日记骂自己"甘为小人"，时而把办事花费稍多、沽名钓誉称为"大病根"，时而因自己言语不谨慎质问自己"耻安在"，时而因没有好好克制私欲而责问自己"何以为人"。像选文中的这类例子，在他整本日记中俯拾即是。这可以看作是对儒家"三省吾身"精神的一种贯彻执行。

文化倾听

本章讲的"内省自新"，包括紧密相连的两点：一是自我省察，二是改过自新。人的自我修养本就不可能一蹴而就，而是需要不断修正逐渐提升。在这个过程中，自省的意识非常重要。通过自我省察，可以找到自己的不足之处，并加以补救，如果发现自己有错，则需要及时改正。从这个意义上说，自我省察是发现自身错误的一种方法。

在传统儒家的修身体系中，自我反省是一种思维方式。《论语·里仁》中说"见贤思齐焉，见不贤而内自省也"，这等于是说

要时时刻刻以他人为镜子，来照照自己，想想自己是否有不如贤者之处，是否在犯不贤者常犯的过错。孟子则将孔子"君子求诸己，小人求诸人"的说法概括为"反求诸己"，凡事应先从自己做起，遇到问题也要首先找出自己的不足。宋代的理学家把《左传》中"人谁无过，过而能改，善莫大焉"的思想进一步发展。南宋的陆九渊说："人心有病，须是剥落。剥落得一番即一番清明。后随起来，又剥落，又清明。须是剥落得净尽方是。"这就从新的哲学观念入手，重新解释了"人谁无过"——人人内心都受到了欲望的蒙蔽，使内心之善无法彰显，所以人人都需要改过自新。他提出的方法也正是"切己自反""发明本心"，即反躬自省，使自己本心重新恢复清明。明代的王阳明继承和发展了陆九渊的"心学"，他在讨论改过问题时自然也不断强调"自思"和"内省"。

不仅如此，这种自我反省并非义理上的空谈，而是从曾参的"日三省吾身"始，就具有很强的实践性。《周易·乾卦》的爻辞说："君子终日乾乾，夕惕若，厉，无咎。"也就是说君子自强不息，到了晚上警惕着，虽然遇到不好的情况，但也不会有祸患。那么如何警惕呢？曾参以"三省"提供了具体的可操作的方法。后世有志于修身的人们，常常以此来要求自己，并且进一步发展出记录善恶功过等具体的手段，写自省日记就是其中的一种。清末名臣曾国藩在历史上是个有争议的人物，按下其功过是非不谈，仅仅考察他记的日记，确实可以说是继承了《周易》"夕惕若"和曾参"三省吾身"的精神。

《周易·益卦》的象辞说："君子见善则迁，有过则改。"但是人对自己的过错，有时候单靠自省难以发现，这就要有"闻过则喜"的精神，多听别人的意见。首先，对缺乏有效制约的最高统治者，虚心纳谏就显得特别重要。而作为臣子，指出国君的过错，也就成为表达对君主、对社稷的忠诚的方式。唐太宗所以会被视为明君，与他能虚心纳谏是分不开的。其次，对于普通人，也需要别人指出过错。所以，能够直言规劝的朋友，往往被视为益友。不过，传统上对于自思己过的强调还是远远多于直言他人过错。像明代的王阳明就说，如果能够自反，光自己的错误就顾不过来，哪还有工夫指责别人。清代的汤斌也非常反对议论别人的过错，特别是背后议论。

知道了自己的错误，还要有改正的勇气。"反躬自省""闻过则喜""知过不讳"，是从"知"的层面，认识自己的错误、不回避自己的错误，而"改过不惮"则是从"行"的层面修正自己。知过能改，向来被认为是美德。王阳明甚至在《教条示龙场诸生》中宣称大贤也有过错，还说正因为他们能改过自新，所以才成其为大贤。战国时期"廉颇向蔺相如负荆请罪"的故事被传为美谈。南北朝时期著名的笔记小说《世说新语》专门立"自新"一类，讲了周处和戴渊改过自新的故事。此后，历代各种笔记及类书中，也往往设置"改过""自新"这样的类别。

总体来讲，从自省到改过，是个完备的系统。其中自省的意识是核心。没有自省，就难以发现自己的不足及错误，当然也就谈不上改正错误。如果没有这种意识，实际也做不到接受他人的批评。良药苦口，忠言逆耳，喜欢别人赞美，厌恶别人指出自己的缺点，这是人类共同的心理。至于"闻过则喜"，没有一种强烈的自我反省意识作为支撑，没有一种修养自我达到至善之境的追求作为动力，是很难做到的。此外，这个系统又是动态的，自省、改过是持续进行、永不停止的。最后，这个系统又是开放的，它和本书前面几章讲的乐道、尊师、好学及其他许多观念紧密关联，共同构成了整个儒家修身体系。

不管是个人，还是民族，总是不可避免地会走一些弯路。面对错误，只有承认、反思并且改正，才能进步。十年的"文化大革命"结束后，如何直面历史，真正做到拨乱反正，成为迫切需要讨论的问题。对于民族遭受的这样一场史无前例的浩劫，如果只是简单批判"四人帮"，而缺乏对于自我的深刻反省，是不负责任的。从20世纪70年代起，中国的思想界和文学界就出现了一股从政治、社会等层面对"文化大革命"进行理性反思的思潮。一代文学巨匠巴金（1904—2005）就是其中具有代表性的人物。

巴金自1978年起在香港《大公报》开辟专栏，到1986年完成了一百五十篇散文，结集为《随想录》。这部作品的核心概念是"讲真话"，巴金在其中无情解剖自己，拷问自己的灵魂，自责在动乱中相信假话，紧跟其后，落井下石，"写不负责任的表态文章"，自卑怕事。巴金觉得翻看当时自己说过的话，写过的文章，无法原谅自己，他痛感印在白纸上的黑字是永远揩不掉的，要接受后世子孙的裁判。他抱着"自己犯的错误自己应负责"的态度，对自己进行反省，相比在"文化大革命"后为自己文过饰非，以时代作为借口为自己辩解的人，巴金的所作所为体现出了一位知识分子的良心。

实际这些行为是一种时代的病态，通过自我反省，巴金完成了对于一代人心态的反省。从这个意义上说，《随想录》的价值正在于，这些文章不仅仅是个人自我的忏悔，而且是代表了我们整个民族在进行反省、忏悔。所以，巴金被誉为"世纪的良心"。巴金写《随想录》，目的是"揭穿那一场惊心动魄的大骗局，不让子孙后代再遭灾受难"。自省的意义在于找出错误的原因，并及时改正，以后不再重犯。整个民族的自我反省，特别是自我纠正，需要我们每一个人的努力。

文化感悟

1. 有学者认为中国文化是内省文化，西方文化是外求文化。查阅相关资料，谈谈自己的看法。

2. 发现朋友的过错，是否要及时指出？如果要指出，应该采取什么样的方式？

3. 自己给自己找一找不足之处，对症下药，设法改进。

第二编　自律与奉献

第一章　以戒为师

文化典籍

一　克己、寡欲与持戒

【原文选读】

子曰："克己复礼①为仁，一日②克己复礼，天下归仁③焉。为仁由己，而由人乎哉？"颜渊曰："请问其目④。"子曰："非礼⑤勿视，非礼勿听，非礼勿言，非礼勿动。"

（《论语·颜渊》）

见素抱朴⑥，少私寡欲。

(《老子》)

五色⑦令人目盲，五音⑧令人耳聋，五味令人口爽⑨，驰骋畋⑩猎令人心发狂，难得之货令人行妨⑪。是以圣人为腹不为目⑫，故去彼取此⑬。

(《老子》)

汝等比丘⑭！于我⑮灭后，当尊重、珍敬波罗提木叉⑯，如暗遇明，贫人得宝。当知此则是汝等大师，若我住世⑰，无异此也。

(《佛遗教经》)

若聚落城邑，若男若女，修治不杀、不盗、不淫、不妄语、不饮酒⑱，若诸天及得天眼者⑲，尽皆称叹。

(《别译杂阿含经》)

注释：

①克己复礼：克制自己复归于礼。

②一日：一旦。

③归仁：称仁。

④目：具体条目。

⑤非礼：不符合礼。

⑥见素抱朴：保持原有的质朴。素，没有染色的丝。抱，持有。朴，没有雕琢的木。

⑦五色：青、赤、黄、白、黑。

⑧五音：宫、商、角、徵（zhǐ）、羽。

⑨五味令人口爽：酸、苦、甘、辛、咸五味让人口不能辨味。口爽：口伤。

⑩畋（tián）：打猎。

⑪行妨：伤害德行。妨，伤害。

⑫为腹不为目：只求填饱肚子，不去追逐声色。为腹代表过简单清静的生活，为目代表追逐耳目声色。

⑬去彼取此：弃除诱惑，选择安于质朴。"彼"指前面说的耳目声色，"此"指前面说的简单清静的生活。

⑭比丘：梵语的译音。意译"乞士"，意思是就俗家乞食者。指已经受具足戒的出家男性。

⑮我：释迦牟尼佛，佛教创始人，原名悉达多，姓乔达摩，生于古印度迦毗罗卫国，是净饭王太子，后出家修行，被尊称为释迦牟尼，意思是释迦族的圣人。据传《佛遗教经》是他临终前说的。

⑯波罗提木叉：梵语音译，指戒律。

⑰住世：活在这个世界上。

⑱不杀、不盗、不淫、不妄语、不饮酒：即佛教所说的"五戒"。

⑲诸天及得天眼者：各位天人以及得了天眼神通的人。"天"是佛教所说的六道（天、人、阿修罗、畜生、饿鬼、地狱）之一，其中居住者叫"天人"，也简称为"天"。"天眼"是一种神通，能够透视六道、上下左右、远近以及过去未来等。

【文意疏通】

孔子说："克制自己复归于礼就是仁，一旦克制自己复归于礼，天下的人都会称赞你是仁人。实践仁德全靠自己，难道能靠别人吗？"颜回说："请问行动的具体条目。"孔子说："不符合礼的不要去看，不符合礼的不要去听，不符合礼的不要去说，不符合礼的不要去做。"

《老子》一书说："保持原有的质朴，减少私心和欲望。"又说："青、赤、黄、白、黑五色让人眼花，宫、商、角、徵（zhǐ）、羽

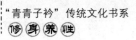

五音让人耳聋，酸、苦、甘、辛、咸五味让人口不能辨味，纵情狩猎让人心放荡，稀有的货物让人行为不正。因此圣人只求填饱肚子过简单清静的生活，不去追逐耳目声色的娱乐，所以弃除诱惑，选择安于质朴。"

释迦牟尼佛在《佛遗教经》中留下临终的叮嘱："你们这些比丘们！在我去世后，应该尊重、珍爱、礼敬戒律，好像黑夜中看到光明，穷人得到宝物。要知道戒律就是你们的老师，对待戒律，要像假如我还在世你们对待我一样。"

《别译杂阿含经》中记载：人群聚集的城市中，不管男女，只要修持不杀生、不偷盗、不邪淫、不妄语、不饮酒这五戒，如果被各位天人以及得了天眼神通的人知道，他们全都会赞叹。

【义理揭示】

儒家强调克制自我，意在使人的行为能合乎礼的要求；道家强调寡欲，意在使人返璞归真；佛教强调戒律，意在使人觉悟真理。虽然三家目的不同，但在自我约束方面则是相通的。释迦牟尼临终前所说的佛经中，甚至要求弟子们在佛去世后，要把戒律当成自己的老师，足见佛教对持戒的重视。

二 儒佛本为一体

【原文选读】

原夫四尘五荫①，剖析形有②；六舟三驾③，运载群生。万行归空，千门入善，辩才智惠④，岂徒七经⑤、百氏之博哉？明非尧、

舜、周、孔所及也。内外两教⑥，本为一体，渐极为异⑦，深浅不同。内典⑧初门，设五种禁⑨；外典仁义礼智信，皆与之符。仁者，不杀之禁也；义者，不盗之禁也；礼者，不邪之禁也；智者，不酒之禁也；信者，不妄之禁也。至如畋狩军旅，燕享⑩刑罚，因民之性，不可卒⑪除，就为之节，使不淫⑫滥尔。归周、孔而背释宗⑬，何其迷也！

（选自北齐·颜之推《颜氏家训》）

注释：

①原夫四尘五荫：推究四尘和五阴。原，推究。四尘，佛教指色、香、味、触。五荫，即"五阴"，又称为"五蕴"，指色、受、想、行、识，其中"色"是物质现象，其余都是心理现象。

②形有：世间万物。

③六舟三驾：六度和三乘。六舟，即六度。"度"的意思是到彼岸。"六度"指使人由生死的此岸渡到涅槃的彼岸的六种法门：布施、持戒、忍辱、精进、禅定、智慧。三驾：指三乘，《妙法莲华经》中以羊车比喻声闻乘，鹿车比喻缘觉乘，牛车比喻菩萨乘，总称"三驾"。

④智惠：智慧。

⑤七经：指儒家经典《诗》《书》《礼》《易》《乐》《春秋》《论语》。

⑥内外两教：佛教和儒教。

⑦渐极为异：逐渐发展得不一样了。

⑧内典：佛教徒称佛经为内典。下文"外典"指儒家经典。

⑨五种禁：即下文所说的五戒。

⑩燕享：帝王设宴招待群臣。

⑪卒（cù）：通"猝"，突然，一下子。

⑫淫：过分。

⑬释宗：佛教。佛教的创始人为释迦牟尼，故称释宗。

【文意疏通】

推究色、香、味、触四尘和色、受、想、行、识五荫，剖析世间万物，借助布施、持戒、忍辱、精进、禅定、智慧，以及声闻、缘觉、菩萨三种车驾，来度化众生。所有修行，通往"空"性，种种法门，引人向善。其中的辩才和智慧，哪里仅仅是儒家经典和百家学说那样程度的博大呢？佛教的境界，显然不是尧、舜、周公、孔子能比得上的。佛学和儒学，本来同为一体。逐渐发展得不一样了，各自的深浅不同。佛教经典的初学门径，设有五戒，而儒家所讲的仁、义、礼、智、信，都和它们相合。仁就是不杀生的戒条，义就是不偷盗的戒条，礼就是不邪淫的戒条，智就是不饮酒的戒条，信就是不妄语的戒条。至于像狩猎、征战、宴请群臣、刑罚等做法，要顺应百姓的天性，不能一下子除掉，只能让它们存在而有所节制，不至于泛滥罢了。信奉周公、孔子之道却违背佛教教义，多么糊涂啊！

【义理揭示】

颜之推把儒家的五常和佛教的五戒联系起来解释，并且把佛教至于儒教之上。虽然实际两家理论有明显不同，这种联系也不无牵强之感，但是考虑到两种学说是不同民族对同一宇宙人生省察的智慧结晶，这种精神成果自然会存在一些共同的东西。这也是佛教能融入中国文化的根本原因。

三 破戒如伐树

【原文选读】

　　昔有国王，有一好树，高广极大，常有好果，香而甜美。时有一人，来至王所。王与之言："此之树上，将生美果，汝能食不？"即答王言："此树高广，虽欲食之，何由能得？"即便^①断树，望得其果。既无所获，徒自劳苦。后还欲竖^②，树已枯死，都无生理^③。

　　世间之人，亦复如是。如来法王^④有持戒树，能生胜果^⑤，心生愿乐，欲得果食，应当持戒，修诸功德。不解方便^⑥，返毁其禁^⑦。如彼伐树，复欲还活，都不可能。破戒^⑧之人，亦复如是。

　　　　　　　　　　　　　　　　　　　　　　（选自《百喻经》）

注释：

　　①即便：于是就。

　　②后还欲竖：后来又想把砍倒的树栽种起来。

　　③生理：重新栽活的道理。

　　④如来法王：佛的尊称。

　　⑤胜果：殊胜之果，指圆满的佛果。

　　⑥方便：佛教用语，指以灵活的方式因人施教。

　　⑦禁：指戒律。

　　⑧破戒：触犯自己所持守的戒律。

【文意疏通】

　　从前有一个国王，他有一棵好树，长得非常高大茂盛，能结一种好果子，这果子又香又甜。一天，有一个人来到国王那里。国王跟他说:"这棵大树上,就要结很好的果子了,你能设法吃到吗?"这个人就回答国王:"这棵树很高,即使我想吃,又怎么能得到呢?"于是就把树砍倒,希望得到树上结的果子,但是无所收获,自己白白地辛苦了一番。后来他又想把砍倒的树栽种起来,然而树已经枯死,再没有重新栽活的道理。

世上的人也是这样的。佛有一棵名叫"持戒"的树,能结出圆满的佛果。如果心中生出愿望,想要吃到这果子,就应当持戒,修习各种功德。如果不明白这是佛的善巧方便之法,回头毁坏戒律,就像这个人把树伐掉一样,又想要树复活,那就不可能了。破戒的人,也像是这样。

【义理揭示】

持戒就是孕育佛果的大树。只想要果实,不想栽树是愚昧的。栽了树,时间未到就想吃果子也是愚昧的。心太急,伐倒树找果实更是愚不可及。破戒之人的愚昧就在于想要吃到果子,却砍倒了能结果子的树。这时候再想弥补,重新持戒,已经来不及了。

四 恶念如野火

【原文选读】

譬如有人,以燃草之炬①,而弃于干草原,若彼不以手、足立即消灭者,诸比丘!如是栖于草木之生类②,则陷于灾祸中。诸比丘!同于此,虽任何之沙门③、婆罗门④,生起不正之想,而不能立即舍离,排除毁灭消灭,彼于现法⑤则住于苦。有破坏、有恼、

有闷，身坏命终之后，待受恶趣⑥。

（选自《相应部经典二·界相应·无惭愧品》）

注释：

①炬：火把。

②生类：生物、生灵。

③沙门：梵语音译，出家佛教徒的总称。

④婆罗门：梵语音译，印度种姓制度中最高种姓。是主管祭祀、传教的僧侣阶层，享有种种特权。

⑤现法：现于面前之法，指现世当前。

⑥恶趣：顺着恶行趣向的道途，如地狱、饿鬼、畜生等三恶道。

【文意疏通】

比如有人点燃草做的火把，把它丢在干草原上，如果他不用手、脚赶紧把火扑灭，各位比丘！这样一来栖息在草木中的生灵，就会陷入灾难中。各位比丘！与此相同，如果任何一位出家人，或者婆罗门，生起了不正的念头，却不能立即舍弃，排除消灭它，那么这个人当前就会处在痛苦中。他会遭受到破坏、苦恼、忧闷的情绪困扰，身体死去生命结束后，他会轮回到恶道当中。

【义理揭示】

"正念"是佛教中讲的八正道（正见、正思维、正语、正业、正命、正精进、正念、正定）之一。修行者必须要时刻提防自己心中生起的不正念头。"燃草之炬"的比喻，形象地表现出有恶念不消除，就会使得整个心灵被负面情绪所控制。

五 折齿拒肉

【原文选读】

　　愿①后与刺史共欲减众僧床脚②，令依八指之制③。时沙门僧导独步江西④。谓愿滥匡其士⑤，颇有不平之色。遂致闻孝武⑥，即敕⑦愿还都。帝问愿："何诈⑧菜食？"愿答："菜食已来十余年。"帝敕直阁沈攸之强逼以肉⑨，遂折前两齿，不回⑩其操。帝大怒，敕罢道⑪，作广武将军，直华林佛殿⑫。愿虽形同俗人，而栖心禅戒⑬，未尝亏节⑭。有顷帝崩⑮。昭太后令听还道⑯。太始六年佽长生舍宅为寺⑰，名曰正胜，请愿居之。

（选自梁·慧皎《高僧传》）

注释：

　　①愿：释法愿，本姓钟，名武厉，南朝宋、齐间僧人。因宗奉释迦牟尼佛，所以僧人常以"释"作为自己的姓氏。

　　②床脚：僧人坐禅用床的床脚。

　　③八指之制：按佛制戒律，僧人坐床的床脚高度应该为八指，超过了要截掉。

　　④沙门僧导独步江西：当时一个叫僧导的出家人在长江下游北方一带最为出名。独步，独一无二，超过众人。江西，隋唐以前对长江下游北岸淮水以南地区的惯称。

　　⑤滥匡其士：胡乱管教僧人们。匡，正。

　　⑥致闻孝武：传到宋孝武帝刘骏耳朵里。

　　⑦敕（chì）：帝王的命令。

　　⑧诈：谎称。

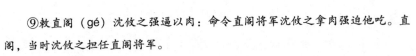

⑨敕直阁（gé）沈攸之强逼以肉：命令直阁将军沈攸之拿肉强迫他吃。直阁，当时沈攸之担任直阁将军。

⑩回：改变，变易。

⑪罢道：停止为僧，还俗。

⑫直华林佛殿：在华林佛殿值勤。直，当值，值勤。

⑬栖心禅戒：内心守着僧人的戒律。

⑭亏节：做有亏戒行的事。

⑮有顷帝崩：不久孝武帝死去了。崩，指帝王死。

⑯昭太后令听还道：昭太后下令听凭法愿恢复僧人身份。昭太后，宋孝武帝刘骏的母亲，姓路。

⑰太始六年佞长生舍宅为寺：太始六年佞长生把自己的宅子布施出来作为佛寺。太始，南朝宋明帝刘彧年号。佞长生，人名。

【文意疏通】

释法愿后来和刺史一起商量，想要截短僧人们的禅床脚，使之合于佛制定的规矩。当时沙门僧导在长江下游以北地区名声最高，他指责法愿胡乱管教僧人们，很为此愤愤不平。于是这事传到孝武帝刘骏耳朵里，孝武帝命令法愿回到京城。孝武帝问法愿："为什么谎称吃素呢？"法愿回答："我确实吃素已经十多年了。"孝武帝命令直阁将军沈攸之拿肉强迫他吃，因此弄断了法愿的两颗门牙，但他始终不妥协，还是没有吃。孝武帝大怒，下令让他还俗。任命他为广武将军，在华林佛殿值勤。法愿虽然表面上同俗人一样，但内心守着僧人的戒律，从来没有做有亏戒行的事。不久孝武帝驾崩，昭太后下令听凭法愿恢复僧人身份。明帝太始六年，佞长生把自己的宅子布施出来作为佛寺，取名正胜寺，礼请法愿在里面修行。

【义理揭示】

汉传佛教主张素食，所以释法愿持戒十余年不吃肉。他想要以戒律约束僧众，惹恼了当时的名僧僧导，僧导为此指责法愿。孝武帝尊奉僧导，所以故意折辱法愿，强逼他吃肉，想让他破戒。而法愿毫不畏惧，门牙被弄断了，也不肯屈服。被迫还俗，也仍旧守戒。这种坚守原则的精神值得赞赏。

六 酒肉穿肠过

【原文选读】

释亡名，荥阳①人也，居止②洛中广爱寺，以精习毗尼③，慎防戒法，避其讥丑④，罕有缺然。上元中东归宁省⑤，路及荥阳，道宿于逆旅⑥。方解囊脱屦⑦，欲漉水盥尘⑧。次有僧至，颇见貌刚而率略⑨，与律师⑩并房安置。其后到僧谓主人曰："贫道⑪远来，疲顿馁乏。主人有美酒酤满罂⑫，粱⑬肉买半肩。物至酬直⑭，无至迟也。"主人遽⑮依请办。僧饮啖之，都无孑遗⑯。其律师呵之曰："身披法服，对俗士恣行饮啖，不知惭赧⑰。"其僧不答。初夜索水盥漱，端身趺坐⑱，缓发梵音⑲，诵《华严经》，初举题目，次言"如是我闻⑳"已下。其僧口角两发金色光，闻者垂泣，见者叹嗟。律师亦生羡慕，窃自念言："彼酒肉僧，乃能诵斯大经！"比至三更，犹闻诵经，声声不绝。四袟㉑欲满，口中光明转更增炽㉒，遍于庭宇，透于窗隙，照明两房。律师初不知是光，而云："彼客何不息灯，损主人油烬？"律师因起如厕，方窥见金色光明自僧之口两角而出。诵至五袟已上，其光渐收却，入僧口。夜将五更，诵终六袄。僧乃却卧，须臾㉓天明。律师涕泣而来，五体投地㉔，求哀忏过㉕轻谤贤圣之罪。律师喜遇异人，后加勤苦，卒成高名，莫知终地。

（选自宋·赞宁《宋高僧传》）

注释：

①荥阳：地名。

②居止：居住，停留。

③毗（pí）尼：梵语音译，意思是戒律，又译作"毗奈耶"。

④讥丑：引人讥笑非议的行为。

⑤上元中东归宁省（xǐng）：上元年间东行回去探望年长的亲属。上元，唐高宗李治的年号。宁省，探望年长的亲属。

⑥逆旅：旅店。

⑦解囊脱屦（jù）：解下行囊，脱下鞋子。

⑧漉（lù）水盥（guàn）尘：用水洗去征尘。漉，水渗流。盥，洗。

⑨率略：粗疏。

⑩律师：指释亡名。佛教的典籍称经、律、论三藏，精通戒律的僧人称律师。

⑪贫道：僧人或道人的自称。

⑫罂（yīng）：大腹小口的瓦器。

⑬粱：精米。

⑭物至酬直：东西送来就付钱。直，通"值"。

⑮遽（jù）：赶忙，急忙。

⑯孑（jié）遗：遗留，残存。

⑰赧（nǎn）：惭愧。

⑱趺（fū）坐：就是跏（jiā）趺坐，盘腿而坐，两脚各盘放在对侧的腿上。

⑲梵音：本指梵语的发音，此处指诵经声。

⑳如是我闻：我是这样听说的。佛经常以这四个字开头。

㉑袟（zhì）：量词，用于装套的线装书。相当于"函"，一函中一般有多册。

㉒炽（chì）：盛。

㉓须臾：片刻。

㉔五体投地：两手、两膝和头一起着地，是古印度佛教最恭敬的行礼仪式。

㉕求哀忏（chàn）过：哀求忏悔自己的过错。

【文意疏通】

　　释亡名是荥阳人，居住在洛中的广爱寺来精研戒律，很小心地持戒，避免做出引人讥笑非议的行为，很少有缺失。上元年间东行回去探望年长的亲属，走到荥阳，路宿旅店。他正解下行囊，脱下鞋子，想洗漱一下消除尘劳。这时，又有一个僧人来，看上去样子很刚强粗鲁，住到释亡名的隔壁去了。后来这个僧人对旅店主人说："贫道远路而来，又累又饿。你有好酒给我打满一罐，还要买精米，加上半肩肉。东西送来就付钱，别送太晚。"主人赶紧照他说的去安排。和尚把送来的东西都吃喝了，一点都没有剩下。严守戒律的释亡名于是呵斥他说："你身穿出家人的僧袍，却对着俗人大肆喝酒吃肉，不知道羞耻。"那个僧人也不答话。刚入夜僧人要水洗漱，端正身体结跏趺坐，缓缓地开始诵《华严经》，先诵题目，然后读到"如是我闻"以下的经文。僧人两边嘴角发出金色光芒，听到读经声的人都感动落泪，见到这种情形的人都感叹不已。释亡名听到了也心生羡慕，暗暗地想："那个酒肉僧人，竟然能诵读这样的大经！"等到了三更，还听到诵经的声音，一声接一声不断绝。就要读完四函了，僧人口中的光芒更加明亮，照遍了庭院屋宇，从

窗户透出，相邻的房间都照亮了。释亡名开始不知道是这样的光芒，说："那个客人怎么不熄灯，耗费主人家的灯油？"他起来上厕所，才看到原来是有金色的光芒从僧人的两嘴角发出。诵读到超过五函，光芒渐渐收回，进入到僧人口中。要到五更的时候，诵完了六函经书。那僧人于是躺下休息，一会儿天就亮了。释亡名哭着来，对那僧人行五体投地的大礼，哀求忏悔自己轻视、诽谤圣僧的过错。释亡名为碰上这样的异人而高兴，后来更加勤苦修行，最终拥有了很高的名望，但没有人知道最终他到了哪里。

【义理揭示】

这个故事让人想起"酒肉穿肠过，佛祖心中留"。释亡名精研戒律，本该赞扬；他呵斥后到的僧人喝酒吃肉，本是理所应当；但是情节急转而下，看上去不守戒的僧人竟然是神僧，守戒律的释亡名倒要忏悔自己轻谤贤圣。只有放在中国文化的背景下，我们才能理解其中真意。

七 百丈清规

【原文选读】

百丈大智禅师①，以禅宗肇自少室②，至曹溪③以来，多居律寺④，虽列别院⑤，然于说法、住持⑥未合规度，故常尔介怀⑦。或曰："《瑜伽论》、《璎珞经》是大乘⑧戒律，胡不依随哉？"师曰："吾所宗非局⑨大小乘，非异大小乘，当博约折中⑩，设于制范，务其宜也。"于是，创意别立禅居。

凡具道眼⑪者，有可尊之德，号曰"长老"。所衷⑫学众，无多少，无高下，尽入僧堂，依夏次⑬安排。其阖院大众，朝参⑭夕聚，长老上堂，升坐主事，徒众雁立侧聆⑮。宾主问酬，激扬宗要⑯者，示依法而住也。斋粥随宜，二时均遍⑰者，务于节俭，表法食双运⑱也。行普请法⑲，上下均力也。

置十务⑳，谓之寮舍。每用首领一人，管多人营事，令各司其局也。或有假号窃形㉑，混于清众，别致喧挠㉒之事，即当维那㉓检举，抽下本位挂搭㉔，摈㉕令出院者，贵安清众也。或彼有所犯，即以拄杖杖之，集众烧衣钵㉖道具，遣逐从偏门而出者，示耻辱也。

（选自宋·杨亿《古清规序》，有删节）

注释：

①百丈大智禅师：即唐代禅师百丈怀海，俗姓王，名怀海，福州长乐人。因居洪州大雄山百丈岩，人称百丈怀海。死后敕谥"大智禅师"，所以称为"百丈大智禅师"。

②禅宗肇（zhào）自少室：禅宗始于少室山面壁的达摩祖师。禅宗认为本宗初祖是来自天竺的菩提达摩，传说达摩曾在河南少室山面壁。

③曹溪：禅宗六祖惠能的别号。

④律寺：持守一般戒律的寺庙。

⑤别院：主宅院之外的院落。这里指寺庙下属的禅院。

⑥住持：护持佛法。

⑦介怀：心中有忧虑。

⑧大乘：与"小乘"相对的佛教派别。强调利他，提倡普度众生的"菩萨行"。这一流派自称"大乘"，并将之前重视修行持戒追求自我解脱的教派称为"小乘"。

⑨局：局限于。

⑩博约折中：广采博取，加以综合。

⑪道眼：佛教用语，指能洞察一切，辨别真妄的眼力。

⑫裒（póu）：聚集。

⑬夏次：出家年数多少的次序。

⑭朝参：寺院中的早课、晨参。

⑮雁立侧聆：像大雁一样排队，站在两侧聆听。

⑯宗要：禅宗的要旨。

⑰二时均遍：每天两顿斋粥，要均分，周遍供给所有僧人。二时，僧人按戒律过午不食，一天只吃早饭和午饭两顿，所以说"二时"。

⑱法食双运：修行和吃饭并行。吃饭也要按修行的规范来吃。

⑲行普请法：执行集合僧众集体劳作的农禅制度。

⑳置十务：选取十种事务。

㉑假号窃形：借着僧人的名号和样子，指不合格的修行人。

㉒喧挠（náo）：喧嚷捣乱。

㉓维那：寺院中主管僧人威仪纲纪的职位。

㉔挂搭：指僧人住宿在别的寺院中，随身的东西挂在禅房的挂钩上。

㉕摈（bìn）：排除，赶走。

㉖衣钵：僧衣和吃饭用具。衣，僧衣。钵，僧人的食具。

【文意疏通】

　　百丈大智禅师，认为禅宗始于在少室山面壁的达摩祖师，但从六祖惠能以来，多住在持守一般戒律的寺庙，虽然处在别院，但是在说法、护持佛法方面都不合规矩法度，所以常常心中忧虑。有人说："《瑜伽论》《璎珞经》这两部经典中都有大乘佛教的戒律，为什么不遵从呢？"百丈禅师说："我所宗奉的佛法不局限于大乘小乘，应当广采博取，加以综合，设置制度规范，致力于让制度合乎时宜。"于是，创造性地建立独特的禅宗寺院。

凡是具有能洞察一切的法眼，德行值得尊敬的僧人，称为"长老"。寺院中聚集的僧人，无论多少，不分高低，都住进僧堂，按照出家年数多少的次序来安排。全院的众人，早课和晚上的集会，都由长老登上法堂，坐下主持事务，众人则像大雁一样排队，站在两侧聆听。宾主问答，讨论阐发禅宗的要旨，这是表示要依照佛法修行的意思。每天两顿斋粥，要均分，周遍供给所有僧人，务必要节俭，这是表示修行和吃饭并行的意思。执行集合僧众集体劳作的农禅制度，从上到下都要一起出力。

选取十种事务，建立处理的机构，称为寮舍。每种任用一个首领，管着下面一些人做事，让他们各司其职。如果有人在表面上是僧人的名号和样子，实际不是合格僧人，混到清净的众人中，导致喧嚷捣乱，就应该由维那出面检举，拿下捣乱者禅房挂钩上的东西，赶他出寺院，这是以清修众僧的安宁为贵的意思。如果那捣乱者有更严重的恶行，就拿拄杖打他，集合众人烧掉他的僧衣和吃饭用具，并从偏门赶他出去，为的是让他觉得耻辱。

【义理揭示】

作为中国化了的佛教流派，禅宗从百丈怀海禅师起建立了比较成熟的修行规范。怀海禅师不局限于大小乘的宗派之分，明确地表示要"博约折中"，体现出不固守传统，因地制宜订立新规的思想。这一规范以出家年岁多少为根据，体现僧众平等的原则。既分工负责，又规定必须全体参加农业劳动，这种自耕自食的农禅制度改变了佛教一直以来的乞食制度，富有汉地特色。对扰乱僧众者的处理非常严厉。这些规定保证了寺院的正常运作。

八 防心离过

【原文选读】

宋汴京^①善本禅师，姓董氏，汉董仲舒^②之裔也，博极^③群书，依圆照本禅师剃落^④。

哲宗朝，住法云^⑤，赐号大通。平居作止，直视不瞬^⑥，临众三十年，未尝轻发一笑。凡所住^⑦，见佛菩萨立像，终不敢坐；蔬果以鱼肉为名，则不食，其防心离过^⑧类如此。

徽宗大观三年十二月甲子，忽谓左右曰："止有三日。"已而示寂^⑨。世称大本、小本^⑩云。

赞^⑪曰："防心如是，古之所谓圣贤，今之所谓迂僻^⑫也。哀哉！"

（选自明·莲池大师《缁门崇行录》）

注释：

①汴（biàn）京：又称东京，北宋的京城，今河南开封。

②董仲舒：汉代经学家，主张独尊儒术。

③博极：遍览。

④依圆照本禅师剃落：依止宋东京慧林寺的圆照宗本禅师剃度出家。剃落：剃去头发，指出家为僧。依：依止，依托，依附。

⑤法云：寺庙名。

⑥瞬：眨眼睛。

⑦所住：所到之处。

⑧防心离过：防范内心不正之念以远离过失。

⑨示寂：佛教指佛、菩萨或高僧死去。

⑩大本、小本：大本指圆照宗本大师，小本指善本禅师。

⑪赞：传记后面表达作者观点的话。

⑫迁僻：迂腐孤僻。

【文意疏通】

宋朝东京的善本禅师，姓董，是汉朝董仲舒的后代，博览群书，依止慧林寺圆照宗本禅师剃度出家。

宋哲宗时，善本住在法云寺，皇帝赐号"大通禅师"。平日起居作息，都目不斜视，统领僧众三十年，从没有随意谈笑过。凡是所到之处，见到有佛菩萨站立的塑像，就始终不敢坐下；蔬菜水果以鱼肉为名字的，就不会去吃。他防范内心不正之念以远离过失的做法，就是这样的。

宋徽宗大观三年十二月甲子日，善本禅师突然对左右的人说："我距离去世只有三天了。"三天后就圆寂了。世人称圆照宗本禅师叫大本，善本禅师叫小本。

莲池大师评论道："防范内心不正之念以远离过失的功夫做到了这种程度，古人会认为是圣贤，今人会认为是迂腐孤僻，可悲啊！"

【义理揭示】

善本禅师目不斜视，不苟言笑，甚至连以鱼肉命名的蔬菜水果都不肯吃。这样的持戒，远远超过了戒律条文的要求。这说明他持戒是从自己的心念入手。《缁门崇行录》的作者明代高僧莲池大师对这种"防心"的功夫十分赞叹。明代僧众普遍不重视戒律，所以莲池大师要批评视如此持戒为"迁僻"的观点，并为"今人"感到可悲。

九 孙悟空打杀六贼

【原文选读】

汝现前^①眼、耳、鼻、舌及与身、心，六为贼媒^②，自劫家宝。由此无始众生世界，生缠缚^③故，于器世间^④不能超越。

（《楞严经》）

曰："忽遇六贼来时如何？"师^⑤曰："亦须具大慈悲。"曰："如何具大慈悲？"师曰："一剑挥尽。"曰："尽后如何？"师曰："始得和同。"

（《五灯会元》）

师徒们正走多时，忽见路旁唿哨^⑥一声，闯出六个人来，各执长枪短剑，利刃强弓，大咤^⑦一声道："那和尚！那里走！赶早留下马匹，放下行李，饶你性命过去！"唬得那三藏魂飞魄散，跌下马来，不能言语。行者用手扶起道："师父放心，没些儿事，这都是送衣服送盘缠与我们的。"三藏道："悟空，你想有些耳闭？他说教我们留马匹、行李，你倒问他要甚么衣服、盘缠？"行者道："你管守着衣服、行李、马匹，待老孙与他争持一场，看是何如。"三藏道："好手不敌双拳，双拳不如四手。他那里六条大汉，你这般小小的一个人儿，怎么敢与他争持？"

行者的胆量原大，那容分说，走上前来，叉手当胸，对那六个人施礼道："列位有甚么缘故，阻我贫僧的去路？"那人道："我等是剪径^⑧的大王，行好心的山主。大名久播，你量不知，早早的留下东西，放你过去；若道半个不字，教你碎尸粉骨！"行者道："我也是祖传的大王，积年的山主，却不曾闻得列位有甚大名。"那人道："你是不知，我说与你听：一个唤做眼看喜，一个唤做耳听怒，一个唤做鼻嗅爱，一个唤作舌尝思，一个唤作意见欲，一个唤作身本忧。"悟空笑道："原来是六个毛贼！你却不认得我这出家人是你的主人公，你倒来挡路。把那打劫的珍宝拿出来，我与你作七分儿均分，饶了你罢！"那贼闻言，喜的喜，怒的怒，爱的爱，思的思，欲的欲，忧的忧。一齐上前乱嚷道："这和尚无礼！你的东西全然没有，转来和我等要分东西！"他托枪舞剑，一拥前来，照行者劈头乱砍，乒乒乓乓，砍有七八十下。悟空停立中间，只当不知。

（选自《西游记》第十四回《心猿归正　六贼无踪》）

注释：

①现前：眼前。

②六为贼媒：这六者是贼人的媒介。六，指六根，即眼、耳、鼻、舌、身、意。

③缠缚：佛教指缠绕束缚众生使它们陷入生死轮回的一切烦恼。

④器世间：指一切众生所居的国土世界。因为世界如器物一样容纳众生，故称"器世间"。

⑤师：指曹山本寂禅师。

⑥唿（hū）哨：把手指放在嘴里，吹出哨子一样的声音。

⑦大咤（zhà）：大声叫。

⑧剪径：拦路抢劫。

【文意疏通】

《楞严经》中，佛对弟子阿难说："你眼前的眼、耳、鼻、舌、身、意，这六种感官都是盗贼的媒介，自己洗劫家中的珍宝。由此

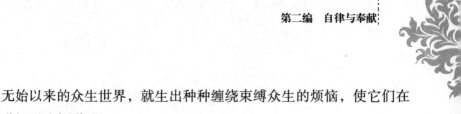

无始以来的众生世界，就生出种种缠绕束缚众生的烦恼，使它们在世间无法解脱。"

《五灯会元》记录了这样的问答——

问："忽然遇到眼、耳、鼻、舌、身、意这六贼来了，怎么办？"曹山本寂禅师说："也还是需要有大慈悲。"问："怎样具备大慈悲？"本寂禅师说："一剑杀光。"问："杀光后怎么样？"本寂禅师说："那时才能得到平和宁静。"

【义理揭示】

综合上面提供的三段原文，很容易发现，《西游记》中孙悟空打死的六贼，原来是"六根"的代名词。眼、耳、鼻、舌、身、意这六种感官，常常引起人的不正当欲望，所以佛教常有"家贼难防"的说法。而孙悟空被称为"心猿"，他和被称为"意马"的小龙马都是"心"的象征。孙悟空说："我这出家人是你的主人公"，是因为"心"为一切感官的统帅。打杀六贼，清净六根，也只能靠"心"。

十　见月立戒幢

【原文选读】

至冬期新戒百余，已受比丘戒①竟。后来北方四人求戒，和尚令香阇黎师②为彼受沙弥十戒③，师随即为授比丘戒。引礼④智闲引彼等到余寮，通白⑤礼拜。余云："律有明制⑥，和尚现在，云何独是一师⑦，授彼四人具戒？余非汝等教授⑧，亦无牒录⑨可给。"智

闲回白香师，师诃责余，谓目无师长^⑩、傲慢自专，往白和尚，令侍者召余，详诘其由。余云："香师责某，是以世理而论。某遵佛制，十师不具独受大戒，是关系法门。某既任教授，应当遮谏^⑪，请和尚称量^⑫，孰是孰非。"和尚向香师云："止！止！汝乃一时之错，见月所言实是，改日再请十师临坛，为彼四人受具。"和尚异时对诸首领上座^⑬云："吾老人戒幢^⑭，今得见月，方堪扶树^⑮耳。"

（选自清·见月律师《一梦漫言》）

注释：

①比丘戒：又称具戒、具足戒。汉传佛教中比丘戒有二百五十条，与沙弥、沙弥尼所受的十条戒相比，戒品具足，故称"具足戒"。

②和尚令香阇黎师：和尚指明末清初僧人三昧，是作者见月律师的得戒和尚，此时是住持。香阇黎师，名香雪，担任读羯磨文的阇黎师，协助传戒。

③沙弥十戒：出家男子如果不符合受具足戒的条件，可受沙弥戒，有十条，包括不杀生、不偷盗、不淫、不妄语、不饮酒、不非时食、不坐高广大床、不著香花幔及香油涂身、不观听歌舞伎乐、不捉持金银宝物。

④引礼：即引礼师，照看新来受戒僧人的起居和纪律的僧人。

⑤通白：禀报。白，禀告。

⑥明制：明文规定。

⑦云何独是一师：为什么只有一个戒师。按戒律规定，受具足戒时，戒场必须具备戒师十人，称三师七证。三师是得戒和尚、羯摩师、教授师，七证是七位证明受戒的比丘。

⑧教授：此时见月是教授师兼任监院，协助监管寺院之事务。所以智闲要带新戒来礼拜。

⑨牒（dié）录：证明僧人合法身份的凭证。见月不承认这次受戒，所以不肯发给牒录。

⑩目无师长：当初见月受具足戒时，三昧是得戒和尚，香雪是羯摩师，熏六任教授师。所以香雪阇黎师算是见月的师长。后来熏六教授师去世，见月接任教授师。

⑪遮谏：阻拦，劝谏。遮，阻拦。

⑫称量：权衡判断。

⑬诸首领上座：诸位任首领的上座僧人。

⑭戒幢（chuáng）：戒律的旗帜。幢，佛教筒状的旗帜。

⑮扶树：扶持树立。

【文意疏通】

　　到了冬期，一百多名新求受戒的，都已经受比丘戒完毕。之后从北方又来了四个人求戒，三昧和尚命令香雪阇黎师为他们授沙弥十戒，完成后香阇黎师随即又为他们授了比丘戒。引礼师智闲带他们到我的寮房，禀告授戒情况，让四人行拜见之礼。我说："戒律有明文规定，和尚还健在，为何只有香雪一个戒师，就给这四人授了具足戒？我不是你们的教授师，也不能给你们发放牒录。"智闲回去禀告香雪阇黎师。香雪阇黎师责备我，说我目无师长、傲慢自专，并去禀报三昧和尚。和尚让侍者叫我去，详细询问缘由。我说："香师责备我，是从世俗道理出发。我遵奉佛的规定，没有具备十师，一个人就授给具足戒，这是关系法门的大事。我既然担任教授，应当劝谏阻止。请和尚权衡判断，谁对谁错。"和尚对香师说："算了！算了！你是一时的过错，见月说的确实对。改天再请十师到戒坛，为他们四个人授具足戒。"和尚后来对诸位任首领的上座僧人说："我老和尚戒律的大旗，现在有了见月，才能扶持树立起来。"

【义理揭示】

读体，号见月，是明末清初高僧，世称见月律师，《一梦漫言》是他的自传性作品。明清时期，戒律弛废，出现了很多变通行为，像选段中一个戒师就能授具足戒便是如此。甚至律宗几乎要失传，到了见月才得以中兴。选段中的见月律师，宁肯得罪自己受戒三师之一的香雪阇黎师，也要坚持按照戒律的规定来授受具足戒，可见他原则性之强。难怪三昧老和尚要赞扬见月帮助树立了戒幢。

文化倾听

说到修身养性，无论哪家学说都少不了自律这一条。儒家宣扬"克己复礼"，提出不合于礼的不要去看、不要去听、不要去说、不要去做，这是以"礼"的原则来约束自我。道家提出"见素抱朴，少私寡欲"，这是以清静无为的原则来约束自我的欲望。最为重视这一点的是佛教，从立教之始，释迦牟尼就制定了很多"戒律"来规范出家人与在家信众的行为。比如为出家的比丘（受具足戒的男性出家人）制定的戒律，释迦牟尼逝世前，已经有200多条。现在流传于斯里兰卡、缅甸、泰国及我国云南省傣族地区的南传佛教比丘戒有227条；我国西藏比丘戒有252条，汉地比丘戒有250条，汉地比丘尼（受具足戒的女性出家人）戒达348条。

作为僧众行为准则的戒律对佛教来说极其重要。释迦牟尼逝世前，叮嘱在自己死后弟子们要"以戒为师"。戒律是三学（戒、定、慧）之一，也是六度（指布施、持戒、忍辱、精进、禅定、智慧六种修行方法）之一。佛教把戒律看作修行的基础。《百喻经》

中有许多譬喻，说明了持戒的必要性。前面所选的"伐树"喻，即把持戒比喻为能结出功德之果、智慧之果的树，警戒大家不要破戒。

大约在东汉明帝时期佛教从印度传到中国，此后便不断与我国的传统文化融合，带上了鲜明的民族和地域色彩，最终成为本民族文化的有机组成部分。佛教的中国化首先体现在义理方面。颜之推把佛教的五戒和儒家的五常一一对应，一方面体现了各种学说之间有共通之处，另一方面也体现了中国的士人阶层为融合外来学说作出的努力。并吸纳了儒家伦理思想、老庄哲学和魏晋玄学，富有理性思辨色彩的禅宗是中国佛教的独特宗派，唐宋之后更是成为汉传佛教的主要流派。唐代的百丈怀海制定的禅林清规，已经是中国化了的佛教戒律体系。

此外，有很多与佛教的持戒精神相关的隐喻和象征，频频出现在中国的文学作品中。例如《西游记》第十四回《心猿归正　六贼无踪》，表面上是孙悟空打死了六个贼，其实有一定的佛教知识即可判断，六贼正是"六根"的象征。也就是说，要取得真经，修成正果，先要做到眼、耳、鼻、舌、身、意这六根清净。

不仅如此，汉传佛教在持戒的基本精神，特别是方式方法上，明显具有中国文化重内在轻外在的色彩。固然，持戒最重要的是内心，对外在行为的约束，要达到的是最终的诚意正心的目的。所以《界相应·无惭愧品》中把人的恶念比喻为火炬，会在人心的干草原中蔓延燃烧，所以修行者必须时时观照自己的内心，一旦有不正当的念头生起，就要设法消除它。一切外在的戒律，都可以看作是辅助内在心念修行的手段。重视内在的"神"超过外在的"形"，这是中国文化的特质。比如陶渊明写诗说："问君何能尔，心远地自偏。"这就是说，只要心隐，外在的身是否隐居都不重要。由此出现"大隐于市"的说法。同样，在佛教的戒律持守方面，也出现了"酒肉穿肠过，佛祖心中留"的说法。于是，传说中的济公活佛之类游戏风尘的僧人大受欢迎。僧人传记当中，也屡屡出现喝酒吃肉的高僧。《宋高僧传》中释亡名遇酒肉僧的故事，就很好地体现了这一观念。

当然，这并不意味着中国佛教的戒律已经名存实亡了。实际上，有重内心修为轻外在戒行的观念，就必定有与之相反的严守戒律的主张。这两种截然不同的选择，始终都存在于漫长的中国佛教发展历程中。像南北朝时期僧人法愿折齿拒肉，宋代僧人善本连以鱼肉命名的蔬菜水果都不吃，清代僧人见月坚持按佛制戒律受戒不怕得罪阇黎师，就是典型的例子。在家居士中，也有像唐代诗人王维那样"居常蔬食，不茹荤血，晚年长斋，不衣文采"（《旧唐书·王维传》）的严守戒律者。他们对于佛教戒律身体力行，做到了"以戒为师"。

时代发展到今天，人们普遍接受"以人为本"的观念，肯定人的正常欲望，尊重人性的正常需求。但是，人性与人欲毕竟不是同一观念。任何一个具有理性意识的个体，都不能不重视自我的约束，抑制自己不合社会规范的欲望，确保自己行为合理合宜。从这个意义上说，佛教"以戒为师"的修行原则，始终都可以给我们以启迪。

文化传递

汉传佛教八宗之一的律宗，顾名思义，便是以极度强调对戒律的研习和遵守为特色的。其中一系的创始人唐代高僧道宣住终南山，所以这一系又有南山律宗之称。律宗到了清朝长期处于衰落状态，直到现代，才出现一心弘扬南山律的著名高僧弘一法师（1880—1942）。

弘一法师俗名李叔同，生于巨富之家。他的父亲常救济穷人，晚年向佛。李叔同自幼聪颖异常，熟读诸书，学习书画篆刻、诗词文章。青年时期在上海以"才子"闻名。1905年东渡日本留学，编辑音乐刊物，学习油画创作，组织了中国第一个话剧团体春柳社。1910年回国，曾任音乐、图画教师，是中国从事现代音乐、美术教育的先驱之一。

1918年8月19日，李叔同在杭州西湖虎跑定慧寺出家，法号演音，字弘一。他先是学习以念佛为特色的净土宗，继而转修南山律宗。他创办"南山律学院"，著有《四分律含注戒本随讲别录》《四分律比丘戒相表记》《南山道祖略谱》《南山律在家备览要略》等，被称为"重兴南山律宗第十一代祖师"。

律宗对于戒律的重视，不但体现在学理上，更体现在日常生活的实践上。弘一法师持守戒律非常严格。弘一法师和自己的学生丰子恺商量编纂了《护生画集》，由丰子恺作画，他自己题诗，以宣扬佛教的慈悲精神。这部作品由开明书社出版，引起了很大反响。弘一法师每次坐藤椅，都要摇动一下，慢慢坐下去，因为他觉得藤之间也许有小虫伏着，这样做可以让小虫走开免被压死。他临终前，又要求弟子在停放自己遗体的龛下四脚垫四个盛水的碗，以防蚂蚁爬上去，火化时伤害它们生命。这几件事情，都体现了弘一法师对"戒杀生"一条的遵守。

佛教的戒律中，又有对所用之物的严格规定，比如钵能用五种修补方法修好不漏的，就不能用新的钵，以防僧人对财产生起贪念。弘一法师出家后，生活极其简朴，一领衲衣，补丁有二百二十四处，二十余年没有换过。素食常为清水煮白菜，有盐无油。可以说是严格贯彻了佛制戒律的精神。

抛去宗教信仰的层面不谈，这种严格的自律精神，是提升自己人生境界的有效手段。没有这种对戒律的重视和实践，也许弘一法师就不成其为一代高僧，"华枝春满，天心月圆"的偈子也就失去了依托。

文化感悟

1. 对于释迦牟尼在世时制定的戒律，有两种意见：一种认为需要完全遵守，一种认为随着时代的发展应该加以改造。你的看法如何？

2. 如何看待"酒肉穿肠过，佛祖心中留"？

3. 思考自己的人生追求，试着为自己写下几条"戒律"。

第二章　慈悲济世

文化典籍

一　仁与慈悲

【原文选读】

君子以仁存心①，以礼存心。仁者爱人，有礼者敬人。爱人者，人恒爱之；敬人者，人恒敬之。

（《孟子·离娄下》）

老吾老②，以及人之老；幼吾幼，以及人之幼：天下可运于掌③。《诗》④云："刑于寡妻⑤，至于兄弟，以御于家邦⑥。"言举斯心加诸彼⑦而已。故推⑧恩足以保四海，不推恩无以保妻子。

（《孟子·梁惠王上》）

大慈与一切众生乐，大悲拔⑨一切众生苦；大慈以喜乐因缘⑩与众生，大悲以离苦因缘与众生。譬如，有人诸子系⑪在牢狱，当受大辟⑫。其父慈恻⑬，以若干方便⑭，令得免苦，是大悲；得离苦已，以五所欲⑮给与诸子，是大慈。

（《大智度论》）

注释：

①存心：居心，心中怀有某种意念。

②老吾老：尊敬我家里的老人。

③运于掌：在手掌中转动，比喻容易控制。

④《诗》：《诗经》，下面这句出自《诗经·大雅·思齐》。

⑤刑于寡妻：为妻子做示范。刑，示范。寡妻，寡德的妻子，是对嫡妻的谦称。

⑥御于家邦：治理封邑和国家。御，治。家，卿大夫的采邑。

⑦举斯心加诸彼：把这种爱自己亲人的心施加到别人身上。

⑧推：推广。

⑨拔：拉出，指救出。

⑩因缘：佛教把使事物生起、变化和坏灭的主要条件称为因，辅助条件称为缘。

⑪系：囚禁，关押。

⑫大辟：死刑。

⑬恻（cè）：伤心，悲痛。

⑭方便：此处指合适的方法。

⑮五所欲：五欲，又称五妙欲、五妙色，指财、色、名、食、睡。

【文意疏通】

孟子说："君子内心所怀有的是仁，是礼。仁人爱别人，有礼的人尊敬别人。爱别人的人，别人总会爱他；尊敬别人的人，别人总会尊敬他。"

孟子说："尊敬我家里的老人，推广到尊敬别人家里的老人。爱护我家的孩子，推广到爱护别人家的孩子：这样治理天下就如同在

手中转动那样容易。《诗经》说：'为妻子做示范，推广到兄弟，来治理封邑和国家。'说的就是把这种爱自己亲人的心施加到别人身上而已。所以把恩惠推广开去，可以保有天下；不把恩惠推广开去，连自己的妻子儿女都保不住。"

佛教经典《大智度论》中记载："大慈是给一切众生喜乐，大悲是救一切众生脱离苦难；大慈是把得到喜乐的因和缘给众生，大悲是把脱离苦难的因和缘给众生。这就比如，有一个人的孩子被关在监牢，要被处死了。这个慈父很为孩子伤心，于是想了种种办法，把孩子救出来，让他免于处死的苦难，这就是大悲；已经脱离苦难，又满足孩子们财、色、名、食、睡的欲望，这就是大慈。"

【义理揭示】

儒家的修身养性中，仁是重要的追求目标。而佛教的修行中，慈悲是极其重要的原则。儒家以人为主体，是由此及彼的、有差别的爱。而佛教讲的慈悲，则是以一切众生为主体，是无差别的爱和同情。按《大智度论》所说，即是把所有众生视作自己的孩子，救它们脱离苦难，让给他们喜乐满足。

二 舍身饲虎

【原文选读】

其王①三子，共游林间。见有一虎适乳②二子，饥饿逼切，欲还食之。

其王小子，语二兄曰："今此虎者，酸苦极理③。羸④瘦垂死，加复初乳，我观其志，欲自啖子。"

二兄答言："如汝所云。"

弟复问兄："此虎今者，当复何食？"

二兄报曰："若得新杀热血肉者，乃可其意⑤。"

又复问曰："今颇有人，能办斯事，救此生命，令得存不？"

二兄答言："是为难事。"

时王小子内自思惟："我于久远生死之中，捐身无数。唐舍⑥躯命，或为贪欲，或为嗔恚⑦，或为愚痴，未曾为法。今遭福田⑧，此身何在？"设计已定，复共前行。前行未远，白二兄言："兄等且去，我有私缘，比尔⑨随后。"作是语已，疾从本径⑩，至于虎所，投身虎前。饿虎口噤⑪，不能得食。尔时太子，自取利木，刺身出血。虎得舐之，其口乃开，即啖身肉。

二兄待之，经久不还。寻迹推觅⑫，忆其先心，必定至彼喂于饿虎。追到岸边，见摩诃萨埵死在虎前，虎已食之，血肉涂漫。自扑堕地，气绝而死，经于久时，乃还苏⑬活，啼哭宛转，迷愦⑭闷绝。

（选自《贤愚经》）

注释：

①其王：指摩诃罗檀那王。他有三个王子，最小的叫摩诃萨埵（duǒ），即本故事的主角。

②乳：生。

③极理：到了极点。

④羸（léi）：瘦弱。

⑤可其意：适合它的心意。

⑥唐舍：白白地舍弃。唐，突然，白白地。

⑦嗔恚（huì）：佛教中指仇视、怨恨和损害他人的心理，与贪欲和愚痴（没有通达事理的智慧）合称为"三毒"。

⑧福田：可以培育福德的情况。

⑨比尔：等这事做完。

⑩本径：所本之路，指原路。

⑪喋（jìn）：闭口。

⑫推觅：推究寻找。

⑬苏：苏醒。

⑭愦（kuì）：心智昏乱。

【文意疏通】

摩诃罗檀那王的三个王子一起在树林中游玩。他们看到一只老虎刚刚生了两只小老虎，母老虎在饥饿逼迫之下，要吃掉小老虎。

小王子摩诃萨埵对两个哥哥说："现在这只母老虎辛酸痛苦到了极点，瘦弱得要活不了了，再加上刚刚生了小老虎，我看它的样子，是要吃掉自己的孩子。"

两个哥哥说："正如你说的那样。"

摩诃萨埵又问："这个老虎现在能吃什么样的食物？"

两个哥哥说："要有新杀的热血肉，才能适合它的需要。"

摩诃萨埵又问："有人能做到这事，救这个老虎活下去吗？"

两个哥哥回答说："这是很困难的事。"

这时候小王子心想："我在过去很长时间的生生死死轮回中，舍弃自己的身体无数次。都是白白地舍弃，有时是为贪欲，有时是为怨恨，有时是为无知，却没有一次是为了佛法。现在碰上可以培育福德的机会，这个身体存在与否有什么关系呢？"打定了主意，他和两个哥哥继续往前走。没走多久，他告诉两个哥哥："哥哥们先走，我有一点私事，等办完了随后就来。"说完这话，他很快地原路返回，来到老虎那里，把身体放在老虎前面让老虎吃。但是老虎饿得口都张不开，没法吃。这时候摩诃萨埵太子，自己拿了锐利的树枝，刺身体出血。老虎舐吃了，有了力气，口才能张开，于是吃了他身上的肉。

两个哥哥等着摩诃萨埵，很长时间不见他回来，循路去推究寻找，想起他先前的话，明白他一定是喂饥饿的老虎去了。追到岸边，发现摩诃萨埵已经死在老虎面前，老虎吃掉了他，血和肉满地都是。两个哥哥扑倒在地，昏了过去，很长时间才苏醒过来，之后不住地哭泣，头脑昏乱，又昏死过去。

【义理揭示】

佛经中的释迦牟尼佛前世事迹被称为本生故事，其中萨埵王子舍身饲虎是人们最熟悉的，见于新疆各石窟、敦煌莫高窟、麦积山石窟、云冈石窟和龙门石窟等地壁画，也成为中国文学艺术中的著名典故。之所以如此受欢迎，就是因为它呈现出菩萨牺牲自我饶益众生的精神，具有崇高的悲剧美。

三 循声救苦

【原文选读】

众生被①困厄，无量苦逼身；观音妙智力，能救世间苦。
具足神通力，广修智方便，十方诸国土②，无刹不现身。

种种诸恶趣，地狱鬼畜生，生老病死苦，以渐悉令灭。

真观清净观，广大智慧观，悲观及慈观，常愿常瞻仰。

无垢清净光，慧日③破诸暗，能伏灾风火，普明照世间。

悲体戒雷震，慈意妙大云，澍④甘露法雨，灭除烦恼焰。

（选自《妙法莲华经·观世音菩萨普门品》）

注释：

①被：遭受。

②十方诸国土：及十方无量无边的世界。十方，东、西、南、北、四维（东北、东南、西北、西南）、上、下。

③慧日：智慧的太阳，这是把佛法比喻为可以破除黑暗的太阳。

④澍（shù）：降雨。

【文意疏通】

众生遭受各种困苦，无数的苦难逼迫身心；观音菩萨具有奇妙的智慧之力，能够灭除各种苦。观音菩萨具足神通，又广泛修习各种智慧的方法，在十方的无穷世界中，没有一处不现身。种种恶道，如地狱、饿鬼、畜生三道，都普遍前往救助。生、老、病、死各种苦，全都能慢慢地让它们熄灭。观音菩萨具有真正清净的、广大的、富有智慧的观照，同时也是慈悲的观照，人们都愿意去崇敬尊奉。观音菩萨的光明是没有污垢的、清净的，如同智慧的太阳消除黑暗，能够降伏风火的灾害，普遍照耀世界，带来光明。观音菩萨的身心如同雷霆和云彩，如同甘露的佛法大雨，浇灭烦恼的火焰。

【义理揭示】

《妙法莲华经·观世音菩萨普门品》等佛典记载，观世音菩萨曾发下宏大誓愿，只要有人诵其名号，菩萨就会循声而往，救苦救难。因此，汉传佛教中观世音菩萨被视为大慈大悲的象征。这一信仰，体现了佛教对众生悲苦的关怀，以及世人离苦得乐的美好愿望。

四 护鸭绝饮

【原文选读】

晋僧群①，清贫守节，庵②于罗江县之霍山。山在海中，有石盂迳数丈③，清泉冽然。庵与石隔小涧，独木为桥，繇④之汲水。后一鸭折翅在桥，群欲举锡⑤拨之，恐伤鸭，还不汲水，绝饮而终。

赞曰："为物命而忘己身，大慈弘济于是为主⑥矣！或曰：'全鹅而忍苦，可也；群之灭其生⑦，得无过乎？'噫！至人之视革囊⑧，梦幻泡影耳。苟有利于众生，则弃如涕唾。喂虎饲鹰⑨，皆以是心也。岂凡夫执吝四大⑩者所测知耶！"

（选自明·莲池大师《缁门崇行录》）

注释：

①僧群：晋朝霍山僧群法师。

②庵：搭茅棚居住。

③石盂（yú）迳（jìng）数丈：直径几丈的盂状石头。盂，盛液体的器皿。迳，通"径"。

④繇（yóu）：通"由"，顺着走过去。

⑤锡：比丘携带的禅杖。

⑥主：根本。

⑦灭其生：牺牲自己生命。

⑧革囊：皮囊，佛教中用来比喻身体。

⑨喂虎饲鹰：释迦牟尼舍身饲虎、割肉喂鹰的本生故事。割肉喂鹰的故事说的是，佛过去世曾是萨波达王，见到鹰要吃鸽子，于是为救鸽子割自己肉给鹰吃，直到把肉割光，最后拿整个身体来换鸽子活命。

⑩执吝（lìn）四大：执着贪恋四大假合之身。佛教认为一切物体都是由地、水、火、风组成。我们这个身体也是如此，没有一个主体存在，所以人身无常、不实，故称"四大假合之身"。

【文意疏通】

晋朝的霍山僧群法师，清贫而能持守僧人气节，在罗江县的霍山中搭茅棚住着。山在海中，山上有一块直径几丈的盂状大石头，有泉水流出，很是清澈香甜。茅棚和石头中间隔着一个小山涧，有一个独木桥，可以走过去打水。后来有一只折了翅膀的野鸭子停在独木桥上。僧群去打水，想举起锡杖拨开它，但又怕它掉下山涧丧生，于是回来了，没有打水，因为缺水而渴死了。

评论道："为了保全动物的生命而不顾自己生命，伟大的慈悲救济，到这种程度可以算是从根本上做到了。也许有人会说：'为了保全鹅的生命，忍一点痛苦是可以的；像僧群那样牺牲生命，难道不是太过分了吗？'唉！得道的人看待自己的身体如臭皮囊，如梦幻泡影而已，如果对众生有利益，就会像对待鼻涕口水一样舍弃。佛祖在过去世中舍身饲虎、割肉喂鹰，都是因为有这样的慈悲之心啊。哪里是执着贪恋四大假合之身的普通人所能明白的呢！"

【义理揭示】

　　僧群为了不伤害一只折翅的鸭子，宁愿放弃打水而渴死，这样做是否太过分了呢？如果付出极大的牺牲只能给人以少许帮助，这种牺牲是否值得呢？其实慈悲并非一种实利的计算，而是一种价值观念。僧群是以生命来捍卫一种崇高的价值观念，不能用是否值得来衡量。

五　人虎同舟

【原文选读】

　　释智聪，未详何人。昔住杨都①白马寺，后住止观专听三论②。陈平③后，度④江住杨州安乐寺。大业既崩⑤，思归无计，隐江荻⑥中，诵《法华经》，七日不饥。恒有四虎绕之而已。不食已来⑦，经今十日。聪曰："吾命须臾，卿须可食。"虎曰："造天立地，无有此理。"忽有一翁，年可八十，披⑧下挟船曰："师欲度江栖霞住者，可即上船。"四虎一时目中泪出。聪曰："救危拔难，正在今日，可迎四虎。"于是利涉⑨往达南岸，船及老人不知何在。聪领四虎同至栖霞舍利塔⑩西，经行坐禅⑪，誓不寝卧。众徒八十咸不出院。若有凶事，一虎入寺大声告众，由此惊悟，每以为式⑫。聪以山林幽远，粮粒艰阻，乃合率杨州三百清信⑬以为米社，人别一石，年一送之。由此山粮供给，道俗乃至禽兽，通皆济给。

（选自唐·释道宣《续高僧传》）

注释：

①杨都：扬州。

②住止观专听三论：在止观寺专门听讲印度龙树《中论》《十二门论》和提婆《百论》这三部经典。

③陈平：陈被隋灭掉。

④度：通"渡"。

⑤大业既崩：大业末年，隋朝崩溃。大业，隋炀帝年号。

⑥荻（dí）：水边类似芦苇的一种草本植物。

⑦巳来：通"以来"。

⑧掖（yè）：通"腋"。

⑨利涉：顺利渡河。

⑩舍利塔：存放佛或高僧舍利子的塔。在佛教中，僧人死后火化所产生的结晶体，称为舍利子。

⑪经行坐禅：佛教修行的两种方式。经行是在一定之地旋绕来回或直线来回，坐禅是静坐。

⑫式：范式，定例。

⑬清信：虔诚的信徒。

【文意疏通】

释智聪，不清楚他原来的姓氏籍贯。以前住扬州的白马寺，后来在止观寺专门听讲印度龙树《中论》《十二门论》和提婆《百论》这三部经典。陈被隋灭掉后，渡江住在扬州的安乐寺。大业末年，隋朝崩溃，智聪想回去又没有办法做到，隐藏在江边芦荻丛中，诵读《法华经》，七天没吃东西，也不觉得饿。一直有四只老虎围着他转。过了十天，老虎也没有吃他。智聪说："我随时就会死的，你们可以吃掉我。"老虎说："从天地生成直到现在，都没有这样的道理。"忽然有一个老人，年纪大约八十岁，腋下夹了船说："师父如果想要渡江去栖霞寺居住，可以立刻上船。"四只老虎一时之间眼中流出眼泪。智聪说："救众生出危难，正在今天，可以带上这四只老虎。"于是顺利渡河到了南岸，船和老人都不见了。智聪领着四只老虎一起到了栖霞寺舍利塔西边，他一直经行或坐禅，发誓不睡觉。智聪的徒弟有八十人，都不出寺院专心修行。如果碰到有不好的事，一只老虎就跑到寺中大声警告，常常这样，成为定例。智聪因为山林深远，粮食很难供应，就集合带领扬州的三百名虔诚信众成立米社，每人负责一石，每年送一次。因此，不管僧人还是俗人，甚至连禽兽，都得到了施舍供给。

【义理揭示】

在汉传佛教僧人的传记中，往往有禽兽乃至鬼神被佛法感召的神奇故事。老虎通人性，在释智聪提出可以吃自己时，竟然口吐人言，表示不肯吃他。后来释智聪看到老虎流泪，不忍心丢下它们，就同舟而渡。之后老虎更是负责给寺院警戒报信。慈悲的力量所及，人和虎互相信任，和谐共处。

六 躬处疠坊

【原文选读】

唐智岩，丹阳曲阿人。智勇过人，为虎贲中郎将①，漉囊②挂于弓首，率以为常。后入浣公山，依宝月禅师出家。

昔同军戎③刺史严撰、张绰等，闻其出家，寻访之，见深山孤

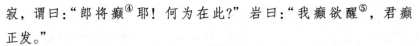

寂，谓曰："郎将癫④耶！何为在此？"岩曰："我癫欲醒⑤，君癫正发。"

往石头城疠人坊⑥为其说法，吮脓洗秽，无不曲尽⑦。永徽⑧中，终于疠所，颜色⑨不变，异香经旬。

（选自明·莲池大师《缁门崇行录》）

注释：

①虎贲（bēn）中郎将：官职名，统领禁兵。

②漉囊：即漉水囊，佛教中为防杀生，喝水前用来过滤水中小虫的器具。

③军戎：军队。

④癫（diān）：疯癫，疯狂。

⑤我癫欲醒：我的癫狂就要醒了。佛教把沉迷于世俗欲望看作是愚痴颠倒的行为。

⑥石头城疠（lì）人坊：石头城的麻风病人区。石头城，今南京。疠人坊，古代收容麻风病人集中居住的隔离区。

⑦曲尽：周到而详尽。

⑧永徽：唐高宗李治的年号。

⑨颜色：面色，脸色。

【文意疏通】

唐朝智岩大师，是丹阳曲阿人。他机智武勇超过一般人，担任虎贲中郎将，把滤水囊挂在弓头，习以为常。后来到浣公山，皈依宝月禅师出家为僧。

以前和他同在军队的，现在担任刺史的严撰、张绰等人，听说他出家了，去找他，见他孤身一人住在深山里，对他说："将军你发疯了吗？为什么要跑到这里为僧？"

智岩说:"我的癫狂就要醒了,你们的癫狂正发作呢。"后来智岩到石头城麻疯病人区,为病人讲解佛法,还为他们吸脓水,洗污秽,样样都周到详尽。唐高宗永徽年间,智岩在疠人区去世,死后脸色都没有改变,周围散发特异的香味,十几天才消失。

【义理揭示】

麻风病是一种慢性传染性皮肤病,在医疗技术不够发达的古代,对患了麻风病的人,人们一般都避之唯恐不及。智岩却主动前往隔离区,自此一直到去世,他都在为麻风病人讲解佛法,又为他们处理脓秽,从肉体和精神两方面拯救他们。可以说,智岩秉持佛教慈悲济世的精神,把帮助病人看成了自己毕生的事业。

七 鉴真东渡

【原文选读】

时日本国有沙门荣睿、普照等东来募法①,用补缺然②。于开元③年中,达于扬州。爰④来请问,礼真足⑤曰:"我国在海之中,不知距齐州⑥几千万里。虽有法而无传法人。譬犹终夜有求于幽室,非烛何见乎?愿师可能辍⑦此方之利乐,为海东之导师乎?"

真观其所以,察其翘勤⑧,乃问之曰:"昔闻南岳思禅师⑨生彼为国王,兴隆佛法,是乎?又闻彼国长屋曾造千袈裟来施中华名德,复于衣缘绣偈⑩云'山川异域,风月同天。寄诸佛子,共结来缘'。以此思之,诚是佛法有缘之地也。"默许行焉。所言长屋者,则相国也。真乃慕⑪比丘思托等一十四人,买舟自广陵赍⑫经、律

法离岸。乃天宝⑬二载六月也。

相次达于日本。其国王欢喜迎入城大寺安止。初于卢遮那殿⑭前立坛，为国王授菩萨戒⑮，次夫人王子等。然后教本土有德沙门足满十员，度沙弥⑯澄修等四百人。

（选自宋·赞宁《宋高僧传》，有删节）

注释：

①募法：求法，指请高僧去日本。

②缺然：日本佛教界当时缺少主持授戒的僧人。

③开元：唐玄宗李隆基的年号。

④爰（yuán）：于是。

⑤礼真足：下拜并以头顶触鉴真的脚，这是礼敬的极致。

⑥齐州：相当于"中州"，古代指中国。

⑦辍：放弃。

⑧翘勤：殷切盼望。

⑨南岳思禅师：即慧思，南北朝时期著名禅师。

⑩偈（jì）：原指阐发佛理的唱颂词，多为四句，后指佛家的诗作，也常称为偈子。

⑪慕：通"募"，招募。

⑫赍（jī）：携带。

⑬天宝：唐玄宗李隆基的年号。

⑭卢遮那殿：供奉毗卢遮那佛的大殿。毗卢遮那是梵语音译。

⑮菩萨戒：佛教中修习菩萨行者持的戒律，不论出家、在家，只要发普度众生之心，都可以受持。

⑯沙弥：在佛教中，年龄七岁以上，未满二十岁出家者，没有资格受具足戒，只能受十戒成为沙弥。二十岁可以受具足戒成为比丘。如果年龄超过二十岁，仍旧未受具足戒，仍为沙弥。

【文意疏通】

鉴真俗姓淳于，是唐代高僧，博通律典，远近闻名。当时日本僧人荣睿、普照等到中国礼请高僧去日本，来解决本国缺少主持授戒的僧人这一问题。他们在开元年间到达扬州，于是来见鉴真，礼敬碰触鉴真的脚，问他说："我国在大海中，不知道距离中国有几千万里。虽有佛法但是没有传法的高僧。犹如整夜在黑暗的屋子里找东西，没有烛火又能见到什么呢？不知大师能否抛下在中华的利益安乐，去做日本的导师？"

鉴真观察他们的来由，觉出他们的殷切盼望之情，便问："听说南岳慧思禅师托生到你们国家做国王，来兴隆佛法，是真的吗？又听说你们国家的右大臣长屋王曾制造千套袈裟来施给中华名僧，衣边绣着偈子'山川是不同地方的山川，风月是同样的风月，送给各位佛子，共同缔结来日的因缘'。由此看来，你们国家是与佛有缘的地方啊。"默许前往日本。所说的长屋，是日本宰相。鉴真于是招募比丘思托等十四人，买船从广陵出发，携带经、律等佛经。这时是天宝二年六月。

最终到达日本，国王很高兴地迎接鉴真一行到城中的东大寺安住。鉴真起先在供奉毗卢遮那佛的大殿前设立戒坛，为国王授菩萨戒，其次轮到夫人和王子等。然后教导本地有德的出家人，凑满了十人，剃度沙弥澄修等四百多人。

上述记载见于宋代赞宁编写的《宋高僧传》，其中对于鉴真东渡的介绍非常简略。根据日本奈良时代文学家淡海三船的《唐大和上东征传》等资料，可知鉴真在天宝元年开始准备，到天宝十一年才到达日本，十二年间六次出行，五次失败，历经千辛万苦，矢志不渝，最终才抵达。

【义理揭示】

鉴真第六次东渡时，已经是六十六岁的老人，并且双目失明。在当时航海技术不发达的情况下，他以身涉险，只为把佛法传播到异域，这体现了佛教的"普度"精神。鉴真开创了日本的律宗，对日本文化造成了深远影响。鉴真东渡是中日文化交流史上的丰碑。

八 布袋和尚

【原文选读】

明州奉化县布袋和尚者，未详氏族。自称名契此，形裁腲脮①，蹙额皤腹②，出语无定，寝卧随处，常以杖荷③一布囊，凡供身之具尽贮囊中。入廛肆④聚落，见物则乞。或醯醢鱼菹⑤，才接入口，分少许投囊中。时号长汀子⑥布袋师也。

尝雪中卧，雪不沾身，人以此奇之。或就人乞，其货则售。示人吉凶，必应期无忒⑦。

梁贞明⑧三年丙子三月，师将示灭⑨，于岳林寺东廊下端坐磐石，而说偈曰："弥勒⑩真弥勒，分身千百亿。时时示时人，时人自不识。"偈毕，安然而化⑪。其后他州有人见师，亦负布袋而行。于是四众竞图其像⑫，今岳林寺大殿全身见存。

（选自宋·释道原《景德传灯录》，有删节）

注释：

①形裁腲脮（wěi něi）：身材肥胖臃肿。形裁，身材。腲脮，肥胖的样子。

②蹙（cù）额皤（pó）腹：眉头皱着，肚子很大。皤，大。

③荷（hè）：背着，挑着。

④廛（chán）肆：集市。

⑤醯（xī）醢（hǎi）鱼菹（zū）：鱼肉腌菜酱醋之类吃的东西。醯，醋。醢，肉酱。菹，腌菜。

⑥长汀（tīng）子：契此曾住奉化长汀村，故号长汀子。

⑦无忒（tuī）：差谬。

⑧贞明：五代时后梁末帝朱友贞的年号。

⑨灭：去世。

⑩弥勒：即弥勒菩萨，佛典记载弥勒菩萨将在未来成佛，是释迦牟尼佛的继任者，因此有时候也称弥勒佛。

⑪化：坐化，指去世。

⑫四众竞图其像：四众弟子争着画他的像。四众，比丘、比丘尼、优婆塞（在家男性居士）、优婆夷（在家女性居士）。图，画。

【文意疏通】

明州奉化县的布袋和尚，不知道他的姓名宗族。他自称名为契此，身材肥胖臃肿，眉头皱着，肚子很大，说话没有来由，睡觉不择地点。他平常用拄杖挑着一个布袋，凡是自身所使用的东西，都放在里面。他来到集市，看见东西就乞讨。有人给他鱼肉腌菜酱醋之类吃的东西，刚刚放在嘴里，便再分出一些放进布袋。当时的人称他为长汀子布袋师。

布袋和尚曾在雪地里睡觉，但是雪沾不到他身上，人们因此觉得很惊奇。有时他向别人乞讨，给他东西的那个人生意就会变得特别好。为别人分析事情的吉凶好坏，准确而没有差谬。

后梁贞明三年丙子三月，布袋和尚就要去世了，他在岳林寺东

廊一块大石头上端坐，说了一个偈子："弥勒菩萨是真正的弥勒菩萨，化身有千百亿之多。时时启发指导世人，但是世人却不能领悟。"以后在别的州县有人又见到了布袋和尚，也是背着袋子在走。于是佛教中四众弟子争着画他的像，现在岳林寺大殿还存有他的全身像。

【义理揭示】

汉传佛教中，因为相信布袋和尚是弥勒化身，所以寺院中供奉的弥勒菩萨纷纷照他的样子塑像，呈现"大肚能容容天下难容之事，开口便笑笑世上可笑之人"的形象。布袋和尚生前举动之间也都似乎含有深意。使布施给他的人生意变好，这是以慈心给人喜乐，同时也劝世人布施。

九　妙普诣贼救民

【原文选读】

释妙普号性空，汉川人，未知姓氏。品格高古气宇宏迈①，因慕船子②遗风，抵秀水结庵于青龙之野。别无长物，唯吹铁笛以自娱，好吟咏。

宋建炎③初贼徐明叛，道经乌镇，肆意杀戮，民惧逃亡。普闻叹曰："众生涂炭④，吾盍⑤救之！"乃荷策⑥而行，直诣贼所。贼见伟异，疑必奸诡⑦，询其来处。答曰："禅者。"问何所之，云："往密印寺也。"贼怒欲斩。普曰："大丈夫要头便取，奚以怒为⑧！吾死必矣，愿得一饭以为送终。"贼奉肉。普供佛如常仪⑨，曰："執当为我文以祭?"贼笑不答。普索纸笔大书曰⑩:"呜呼……坦然归去付春风,体似虚空终不坏。尚飨⑪。"遂举箸饫肉⑫。贼徒大笑。食罢曰:"劫数既遭离乱,我是快活烈汉。如今正好乘时,便请一刀两段。"乃大呼:"斩!斩!"贼骇异稽首谢过,令卫而出。于是民之庐舍少长无恙⑬者,普之惠⑭也。

(选自明·释如惺《大明高僧传》,有删节)

注释:

①迈:豪放。

②船子:即唐代德诚禅师,因在吴江、朱泾一带驾船渡人,故称"船子和尚"。为人"率性疏野,惟好山水"。

③建炎:南宋高宗赵构年号。

④涂炭:陷入泥沼炭火,比喻极其艰难困苦。涂,泥沼。

⑤盍(hé):何不。

⑥荷策:带着手杖。策,手杖。

⑦奸诡:其中有诈。

⑧奚以怒为:有什么必要发怒呢!

⑨常仪:平时的礼仪。

⑩以下妙普自作的祭文有删节,原文有近三十句。

⑪尚飨(xiǎng):祭文的结语,表示希望死者来享用祭品的意思。

⑫举箸(zhù)饫(yù)肉:举起筷子吃肉。饫,饱食。

⑬恙(yàng):疾病,此指受到侵害。

⑭惠:恩惠。

【文意疏通】

释妙普号性空,汉川人,不知道他俗家的姓氏是什么。品格高

古，气度宏大豪放，因为倾慕唐代船子和尚的风范，来到秀水，在青龙野那里搭庵居住。没有什么财物，只是吹铁笛自娱自乐，喜欢吟诗。

宋高宗建炎初年徐明叛乱，路经乌镇，肆意杀戮，百姓害怕，纷纷逃亡。妙普听说这事，叹息说："众生陷入泥沼炭火，我怎能不去救他们呢！"就拿起手杖，直奔叛贼的营地。叛贼见妙普样子不凡，怀疑其中有诈，问他是什么来头。妙普回答："禅者。"问妙普到哪里去，回答："去密印寺。"叛贼大怒要杀他。妙普说："大丈夫要头就来拿，发怒有什么必要呢！我一定要死，那也希望给我一顿饭打发我上路。"叛贼给他肉。妙普按平时的礼仪供佛，然后说："谁能为我写个祭文？"叛贼笑着不回答。妙普要来纸笔自己写了近三十句的一篇祭文，以"呜呼"开头，结尾是："我坦然死去，一切付给春风，身体如同虚空，最终不坏不灭。尚飨。"写完后就举起筷子吃肉。叛贼们大笑。妙普吃完了说："遭遇离乱，是我的劫数，我心情快活，是个烈汉。如今正是死的时机，请给我来个一刀两段。"于是大声呼喊："斩！斩！"盗贼惊骇无比，磕头道歉，派人护送他出去。于是老百姓的房屋财产以及老少人员都没有受到贼人的侵害，这都是受惠于妙普啊。

【义理揭示】

妙普虽是高僧，却颇像个儒者，吹笛自娱，吟诗弄文。而当他一见百姓涂炭，就把自己的生死置之度外，直诣贼所，谈笑之间折服贼人，又显出豪杰之气。这样的举动混合了佛教的舍己济世以及儒家的舍生取义，呈现出了汉传佛教的入世修行的精神。

十 学佛未忘世——八指头陀诗三首

【原文选读】

余别吴雁舟太守十三年矣。丙午①春，公由日本还国，遇于沪上，感时话旧，悲欣交集，因为七律一首赠之

长沙一别十三春，白首相逢倍苦辛。

时事②能令志士惧，高谈转使俗儒嗔。

我虽学佛未忘世，公乃悲天更悯人。

各抱沉忧向沧海，茫茫云水浩无垠。

《古诗八首》（选一）

我不愿成佛，亦不乐生天。

欲为娑竭龙③，力能障百川。

海气④坐自息，罗刹⑤何敢前！

髻中牟尼珠⑥，普雨粟与棉。

大众尽温饱，俱登仁寿筵。

澄清浊水源，共诞华池莲⑦。

长谢轮回苦，永割生死缠⑧。

吾独甘沉溺，菩提心⑨愈坚。

何时果⑩此誓？举声涕涟涟。

感事二十一截句⑪，附题冷香塔⑫（选一）

茫茫沧海正横流⑬，衔石难填精卫⑭愁。

谁谓孤云意无着⑮？国仇未报⑯老僧羞！

注释：

①丙午：此指 1906 年。

②时事：指清末签订《马关条约》、八国联军侵华、签订《辛丑条约》等事。

③娑（suō）竭龙：娑竭龙王，佛教护法神之一。

④海气：指海中风浪。

⑤罗刹：佛教中指吃人肉的恶鬼。

⑥牟尼珠：佛珠，念珠。

⑦共诞华池莲：一起生在西方极乐世界。净土宗认为西方极乐世界有莲池。

⑧生死缠：生死烦恼的缠缚。

⑨菩提心：佛教中指发出的利益众生、追求无上佛道的心愿。

⑩果：实现。

⑪截句：绝句的另一名称。

⑫冷香塔：在浙江宁波天童寺前青龙冈，是八指头陀为自己造的死后归葬所。

⑬沧海正横流：海水四处奔流，比喻世道混乱。

⑭精卫：《山海经》中衔来木石决心填平大海的鸟。

⑮孤云意无着：出家如闲云野鹤，心中没有牵挂。

⑯国仇未报：指甲午中日战争等事。这些绝句是 1910 年日本公开吞并朝鲜（当时是中国属国）后所作，随着日本的力量越来越强，八指头陀诗中体现了极强的忧虑。

【文意疏通】

八指头陀法名敬安，字寄禅，俗名黄读山，是清末著名诗僧。十八岁时看到桃花被风雨摧败，有所领悟，失声大哭，投法华寺出家。二十七岁时燃两指供佛，从此自号"八指头陀"。这里选了他的三首诗。

第一首七律的意思是：长沙一别已经过了十三年，相逢已经白头，更觉人间的辛苦。国家的时事能让志士畏难，谈论政事时局，会让俗儒们责怪。我虽学佛却未能忘怀世事，你本从政任官，就更加悲天悯人。各抱着深沉忧愁望向沧海，唯有云水茫茫，满眼是海波无垠。

第二首古诗的意思是：我不愿意成佛，也不追求投生天道。我愿做娑竭龙王，力量能够阻住百条河流。静坐不动，海中风浪自然平息，罗刹饿鬼怎敢靠近！发髻中有珍珠，能普遍供给人们吃和穿。大众都能温饱，全都长寿知礼。能使浊水变清，能让大家都生在极乐世界。告别轮回的痛苦，永远割断生死烦恼的缠缚。为了这些我宁愿独自沉溺在俗世，追求佛道的心因此更加坚定。什么时候能满足我的愿望？说一说就忍不住要流泪。

第三首绝句的意思是：沧海横流，世道混乱，即使有精卫填海那样的决心也难以拯救。谁说出家了，就如同闲云野鹤，心中没有牵挂？国仇没有报，老僧我都觉得蒙羞！

【义理揭示】

八指头陀年轻时见桃花摧败而大哭出家，可见他生性敏感，情感炽热。生在那样一个国难当头的时代，他"内忧法衰，外伤国弱"，为佛法的传承和民族命运而担忧。"我虽学佛未忘世""国仇未报老僧羞"这样的诗句，充满救国的热忱。这种强烈的入世意识，是和汉传佛教崇尚行慈悲济世的"菩萨道"分不开的。

文化倾听

　　不管何种民族的何种文化，其中必然有宣扬人与人之间的爱与温情的学说。就中国文化来说，儒家宣扬"仁者爱人"，墨家主张"兼相爱"，佛教主张"慈悲济世"，其精神实质有相通之处。

　　慈悲是佛教的核心理念之一。"慈"是慈爱众生，给众生快乐；"悲"是悲悯众生，同情众生的痛苦，并帮助、拯救它们。佛教认为，世间有八苦，即生苦、老苦、病苦、死苦、爱别离苦、怨憎会苦、求不得苦、五蕴盛苦。如《妙法莲华经·普门品》所说："众生被困厄，无量苦逼身。"面对众生的悲苦，佛教以慈悲的精神予以救助。"能救世间苦"的观世音菩萨是这种精神的象征。观音信仰是中国乃至东亚民俗中的突出文化现象，记载观音事迹的《普门品》也成为《妙法莲华经》中流传最广的篇章。

　　在被认为是释迦牟尼佛前世事迹的本生故事中，佛以自身的行为作出了示范。舍身饲虎、割肉饲鹰的故事很有代表性。为了他人，乃至非人类的生灵，菩萨甚至会牺牲自我。这些故事融入了中国文化，成为流传很广的典故，一直感召着中国的僧众信徒。晋代僧群为了不伤害一只折翅的鸭，宁愿自己渴死；唐代智岩到疫区照护病人直到去世，都体现出这种基于对众生之苦的悲悯而发的奉献和牺牲精神。智聪不忍心丢下虎，与虎同舟而渡的故事，则启示人们，慈悲的精神可以造就人与人之间，甚至是人与其他物种之间的和谐共处。

　　从这些故事可以看出，不同于儒家推己及人式的"仁"，佛教的慈悲，其对象不仅仅是自己的亲人，甚至也不仅仅是人类，而是一切众生。这是一种普遍的平等的慈爱。所以如此，是因按照佛教的缘起理论，如佛的弟子阿说示所做的偈子所说"诸法因缘生，缘谢法还灭"，万事万物都是因缘而生，不存在孤立的个体，因而个体与他人必定息息相关。像《华严经》所说"一切众生而为树根，诸佛菩萨而为华果"，也就是说众生和佛菩萨是一个生命共同体。所以要把众生的苦，看作自己的苦，并且是无差别的，不管有没有缘分都会救助。故此，汉传佛教提倡的慈悲又叫作"无缘大慈，同体大悲"。

但是，普通意义上的救苦救难并非最终目的。修行的最终目的是解脱。救助众生的终极目的是使众生都能脱离烦恼的缠缚，获得觉悟。所以，传播佛法，被看作是慈悲的重要表现。像传说中五代梁的布袋和尚，以向人乞讨来启发人们破贪欲、行布施即是如此。佛法的传播，也并不局限于一族一国、乃至一道众生。汉传佛教尊崇四大菩萨，即象征慈悲的观世音菩萨、象征智慧的文殊菩萨、象征大行的普贤菩萨、象征大愿的地藏王菩萨。其中地藏王菩萨发的宏大愿望是"地狱不空，誓不成佛"，也就是说要度尽地狱道的众生。所以，他被相信是在地狱中传播佛法的菩萨。我国唐代僧人鉴真，六次东渡，历尽艰辛，双目失明，最终到达日本，使得日本佛教有了正式的律学传承。不管是从宗教意义上看，还是从文化意义上看，这都是一种慈悲博爱的精神。

佛法本是出世的学说。但是，汉传佛教却吸纳了儒家的积极入世的精神，强调"佛法在世间，不离世间觉"，不能离开现实的人生去求佛法。像南宋僧人妙普悲悯众生涂炭，锐身自任，冒生命危险去说服贼人，使得百姓得以全活。他的做法很有儒家式的入世担

当精神。清朝末年，民族遭遇前所未有的危机。在这样的背景下，佛教的入世济世精神，发展到最后终于形成"人生佛教"（亦称"人间佛教"）的运动。这一思想在清末诗僧八指头陀的诗歌当中就已经体现，到太虚大师明确地提出，再到太虚大师的弟子印顺进一步完善。可以说，"人生佛教"是基于"慈悲"精神，而又具体落实为"济世"的行动。

汉化佛教的"慈悲济世"精神，在许多方面与世俗社会提倡的道德和价值相合。人类总有离苦求乐的愿望，有对平等博爱的诉求。这些已经融入中国文化的佛教"慈悲"精神，将一直发挥着抚慰人心的作用。"济世"的传统与建设"人间佛国"的理想，去掉其宗教色彩，也将持续对处理人与人、人与自然之间的关系起到良性作用。

文化传递

一个民族接受外来的思想，总是会选择能与本民族固有思想产生共鸣的理论，并将之与本土实际融合，促成文化思想的发展和变异。中国文化中的儒家思想具有强烈的现世性，这一点和大乘佛教强调入世修行、普度众生能够融通。所以，中国选择了佛教中的大乘这一流派并不是偶然的。

佛教发展到民国时期，在本民族经历内忧外患的特殊历史时期，本来以离世修行为特色的佛教，产生了大的革新。此时著名的佛教革新家、佛教界领袖太虚大师（1889—1947）把大乘佛教"慈悲济世"的思想进一步发扬光大，提出了"人生佛教"的主张。

太虚大师俗姓吕，本名淦森，浙江海宁人。幼年体弱多病，曾跟从舅父习儒。1904 年出家，法号"太虚"。1912 年他提出"教理、教制、教产"三大革命口号，推行宗教改革。其弟子编有《太虚大师全集》。

太虚大师的宗教改革，着眼于现实人生，力图把重鬼重死的中国佛教转变为重人间生活的中国佛教。他以佛教的"主生不主杀"论证佛教是积极的而非消极的。他把大乘佛教的菩萨行，解释为依菩萨的精神躬行实践，服务大众。他甚至认为士农工商，各自做好自己的工作，就是行菩萨道。他的一首偈子很好地呈现了这种由成人而成佛的思想："仰止唯佛教，完成在人格，人成即佛成，是名真现实。"

太虚大师一生都致力于用佛法解决现代社会背景下的人生问题，探索适合新的时代的僧团制度。他实施了全新的僧伽培养模式，通过创办佛学院、派僧人出国留学等方式，培养佛教人才。像武昌佛学院、庐山学苑、闽南佛学院、柏林佛学院、汉藏教理院等现代佛教教育机构，均由他倡导创办。他还推动建立联系全国僧俗信众的现代佛教社团，创办佛教报刊，以此推动佛教的研究。他直接或间接创办的刊物如《佛教评论》《内学》《海潮音》等有几十种，有的至今尚存。

太虚大师终生提倡的人生佛教，基于"无缘大慈，同体大悲"，体现了大乘菩萨道的慈悲济世、利乐众生的精神。这一思想，对中国佛教的发展产生了深远的影响。

1. 查找资料，比较一下墨子的"兼爱"主张和佛教慈悲观念的异同。

2. 佛教的"慈悲"和我们现在所说的"人道主义"是否相同？

3. 在当前的社会背景下，佛教"慈悲济世"的思想有何积极意义？

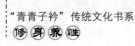

第三编　超脱与随性

第一章　不慕荣利

文化典籍

一　隐退之道

【原文选读】

生之畜①之，生而不有，为而不恃，长而不宰②，是谓玄德。

（《老子》）

功遂身退③，天之道也。

（《老子》）

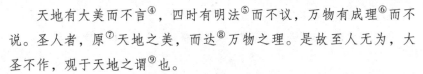

天地有大美而不言④，四时有明法⑤而不议，万物有成理⑥而不说。圣人者，原⑦天地之美，而达⑧万物之理。是故至人无为，大圣不作，观于天地之谓⑨也。

（《庄子·知北游》）

古之所谓隐士者，非伏其身而弗见⑩也，非闭其言而不出也，非藏其知而不发⑪也，时命大谬⑫也。当时命而大行⑬乎天下，则反一无迹⑭；不当时命而大穷⑮乎天下，则深根宁极⑯而待：此存身之道也。

（《庄子·缮性》）

注释：

①畜：养育。

②宰：主宰。

③功遂身退：功业成就而谦退不争功。

④天地有大美而不言：指天地覆载万物，生养万物，具有最大美德，但是不会夸说自己的功劳。不言，不说，指不居功。

⑤明法：明确的规律。

⑥成理：万物生成之理。

⑦原：推究。

⑧达：通达。

⑨之谓：说的是……

⑩伏其身而弗见：隐藏自身而不见人。伏，隐藏。

⑪藏其知而不发：隐藏他的智慧而不运用。知，通"智"。发，运用。

⑫时命大谬（miù）：时机很不对。时命，时运，时机。谬，悖乱。

⑬大行：盛行。

⑭反一无迹：返回到道的纯一状态，与万物混同不留痕迹。反，通"返"。

⑮穷：困顿，困窘不得志。

⑯深根宁极：深藏静默。深根，使根隐得深。宁极，极宁静。

【文意疏通】

生成万物、养育万物，生成却不据为己有，做了却不自恃有功，长养万物却不为主宰，这是最深的德行。

功业成就而谦退不争功，是合于自然的道理。

天地有最大的美德而不言语，春夏秋冬四季有明确的规律而不议论，万物有生成之理而不解说。圣人推究天地的美德而通达万物生成的道理。所以圣人自然无为，圣人不妄自造作，这说的是观察天地之道加以效法。

古时候所说的隐士，并不是隐藏自身而不见人，并不是闭塞言论而不说出，也不是隐藏他的智慧而不运用，实在是因为时机很不对啊。逢着时机而能盛行于天下，就返回到道的纯一状态，与万物混同不留痕迹；不逢时机而困顿于天下，就深藏静默来等待：这是保全生命的方法。

【义理揭示】

老子、庄子对于隐退之道的阐述集中于两点。一是天之道本就"为而不恃"，所以功成身退的做法合于天道。二是隐士们是因为身逢乱世，时机不对，才用归隐来保全自我。如果时机合适，这些隐士们能够推行自己的主张，那么他们也会返回道的纯一状态，不留自我痕迹，这又可以看作另一种形式的隐。

二 祝宗人说彘

【原文选读】

祝宗人玄端以临牢柙说彘①曰:"汝奚恶死?吾将三月豢②汝,十日戒,三日齐③,藉白茅④,加汝肩尻乎雕俎之上⑤,则汝为之乎?"为彘谋,曰不如食以糠糟而错⑥之牢筴之中。自为谋⑦,则苟生有轩冕之尊⑧,死得于腞楯⑨之上、聚偻⑩之中则为之。为彘谋则去之,自为谋则取之,所异彘⑪者何也!

(选自《庄子·达生》)

注释:

①祝宗人玄端以临牢柙(xiá)说彘(zhì):掌管祭祀的官员穿着黑色的斋服,来到猪圈旁对猪说。祝宗人,掌管祭祀祝祷的官员。玄端,祭祀时候穿的斋服,颜色玄黑色,样子端正。牢柙,猪圈,笼槛。彘,猪。

②豢(huàn):用谷物饲养。

③齐:通"斋",斋戒。是祭祀前洁净身心的仪式,其间有不饮酒不吃肉等规矩。

④藉(jiè)白茅:把白茅草铺在神座和祭物下面,以表示洁净。

⑤加汝肩尻(kāo)乎雕俎(zǔ)之上:把你的肩臀放在雕刻花纹的祭器上。尻,臀部。雕俎,在俎上雕有图案花纹之类。俎,祭祀时盛肉的礼器。

⑥错:放置。

⑦自为谋:为自己谋划。

⑧轩冕之尊:高官厚禄的尊贵。

⑨腞楯(zhuàn shǔn):载着棺材的送葬车子。

⑩聚偻:棺椁上面的众多装饰物。

⑪异彘：与猪不同的地方。

【文意疏通】

掌管祭祀的官员穿着黑色的斋服，来到猪圈旁对猪说："你为什么要厌恶死呢！我将要用精米喂养你三个月，还要为你做十天戒、三天斋的仪式，下面铺上白茅草，然后把你的肩臀放在雕刻有花纹的祭器上，那么你愿意这样干吗?"为猪考虑，就知道不如用糟糠来喂养，放在猪圈里。为自己谋划，假如活着有高官厚禄的尊贵，死后能放在送葬车载着的装饰华美的棺材中，就会选择去做。为猪谋划就抛弃白茅雕俎，为自己谋划就选取轩冕枢车，这和想做死猪有什么不同呢？

【义理揭示】

从猪的角度看，宁可吃糟糠活在猪圈中，也不肯死了光耀地作为祭品摆在庙堂。从人的角度来看，宁可自由自在地作为普通人活着，也不能追求高官厚禄。被荣华富贵迷住了心窍，丧失了精神的自由，虽生犹死。在庄子看来，追求荣利，显然是极其愚蠢的。

三 范蠡功成身退

【原文选读】

范蠡①遂去，自齐遗大夫种书②曰："蜚③鸟尽，良弓藏；狡兔死，走狗烹。越王为人长颈鸟喙④，可与共患难，不可与共安乐。子何不去?"种见书，称病不朝。人或谗⑤种且作乱，越王乃赐种

剑曰："子教寡人伐吴七术⑥，寡人用其三而败吴，其四在子，子为我从先王⑦试之。"种遂自杀。

还反国⑧，范蠡以为大名之下⑨，难以久居；且勾践为人可与同患，难与处安，为书辞勾践。勾践曰："孤⑩将与子分国而有之。不然，将加诛⑪于子。"范蠡曰："君行令，臣行意。"乃装其轻宝珠玉，自与其私徒属⑫乘舟浮海以行，终不反。

（选自《史记·越王勾践世家》，有删改）

注释：

①范蠡（lǐ）：春秋时期楚国人，后到越国辅佐越王勾践灭掉吴国。

②自齐遗（wèi）大夫种书：从齐国写信给大夫文种。遗，送给。种，文种，与范蠡同为越王勾践的主要谋臣。

③蜚（fēi）：通"飞"。

④喙（huì）：鸟兽的嘴。

⑤谗（chán）：进谗言，说坏话。

⑥七术：七条计策。

⑦先王：已经去世的君主。

⑧还反国：灭掉吴国后回到越国。反，通"返"。

⑨大名之下：当时范蠡任上将军。

⑩孤：古代帝王的自称。

⑪加诛：施加处罚。

⑫私徒属：属于私人的门徒部属。

【文意疏通】

范蠡于是辞官离越王勾践而去，从齐国写信给大夫文种说："飞鸟射光了，良弓就被收藏起来；狡猾的兔子死了，猎狗就被烹杀掉。越王这个人长着长脖子鸟嘴，可以和他共患难，无法和他共享乐。你为何不离去?"文种看了书信，称病不上朝。有人进谗言说文种将要作乱，勾践于是赐给文种一把剑，说:"你教给我讨伐吴国的七条计策，我用了三条就打败了吴国，还剩下四条在你那里，你为我用它来辅佐地下的先王吧。"文种于是自杀。

越国灭吴国，范蠡回国后，认为自己名声太高，难以长久待下去;而且越王勾践这个人可以和他共患难，难以和他共安乐，就写信向勾践告别。勾践说:"我要把越国分一部分给你，和你共同拥有国土。你不肯这样干，我就要处罚你。"范蠡说:"国君发布自己的命令，臣子执行自己的意愿。"于是装好珠宝金玉之类细软财物，和自己的门徒部属一起乘船进入大海航行，始终没有再回去。

【义理揭示】

范蠡和文种辅佐越王勾践灭吴，都立下了大功。但是范蠡懂得功成身退之道，而文种则看不清自己的处境，这导致了两人的不同下场。当范蠡辞官时，越王勾践"不然，将加诛于子"的威胁，充分显示出了他的蛮横无理。面对不仁的君主，隐退是全身之道。文种的遭遇，证明了范蠡判断的正确性。

四 庄周遗世自放

【原文选读】

庄周者，宋之蒙①人也。少学老子，为蒙县漆园吏②，遂遗世自放③，不仕。王公大人皆不得而器④之。

　　楚威王⑤使大夫以百金聘周，周方钓于濮水⑥之上，持竿不顾，曰："吾闻楚有神龟，死二千岁矣，巾笥⑦而藏之于庙堂之上。此龟宁死为留骨而贵乎？宁生曳尾涂中⑧乎？"大夫曰："宁掉尾⑨涂中耳。"庄子曰："往矣，吾方掉尾于涂中。"

　　或⑩又以千金之币迎周为相，周曰："子不见郊祭之牺牛⑪乎，衣以文绣⑫，食以刍菽⑬，及其牵入太庙⑭，欲为孤犊⑮，其⑯可得乎？"遂终身不仕。

（选自晋·皇甫谧《高士传》）

注释：

　　①蒙：战国时宋国县名。

　　②漆园吏：漆树园的管理人员。

　　③遗世自放：超脱世俗，自我放逸，不受拘束。

　　④器：重用。

　　⑤楚威王：战国时期楚国的国君。

　　⑥濮（pú）水：河流名。

　　⑦巾笥（sì）：把龟骨放在竹箱里面，再用巾罩起来。笥，竹箱子。

　　⑧曳尾涂中：拖着尾巴在泥中爬来爬去。涂，泥。

　　⑨掉尾：摇尾。

　　⑩或：有人。

　　⑪牺牛：祭祀用的纯色牛。

　　⑫衣以文绣：给牺牛穿有花纹的织绣。

　　⑬刍菽（chú shū）：草和豆。刍，草。菽，豆。

　　⑭太庙：帝王的祖庙。

　　⑮孤犊：没有人豢养的小牛犊。

　　⑯其：表反问语气，难道。

【文意疏通】

庄周，是宋国蒙人。年轻时学习老子的学说。做蒙县的漆树园管理人员，于是超脱世俗，自我放逸，不受拘束，不肯做官。王公大臣都无法招揽到他来重用。

楚威王派大夫拿着百金聘请庄周，当时庄周在濮水边钓鱼，手拿钓竿头也不回地说："我听说楚国有只神龟，已经死去两千年了。它的骨甲被装在竹箱子里，再蒙上罩巾，珍藏在大庙的明堂里面。这只龟是宁愿死了留下骨甲获得尊贵呢，还是宁愿活着拖着尾巴在泥水中爬来爬去呢？"这位大夫回答说："宁愿摇着尾巴在泥水中爬来爬去。"庄子说："你们请回吧！我将要摇着尾巴在泥水中爬来爬去。"

有人拿千金来聘请庄周做国相。庄周回答使者说："你没见祭祀的牛吗？穿有花纹的锦绣，喂草料大豆，等到牵进太庙去，要想做个无人豢养的小牛犊，还能办得到吗？"于是终身没有做官。

【义理揭示】

无人豢养的小牛犊和拖着尾巴在泥水中爬来爬去的乌龟，其共同点是自由，过着符合自然本性的生活。庙堂上神龟的遗骨和祭祀用的牛，其共同点是不自由，看上去光鲜，其实已经失去了生命的本真。大概在庄子看来，失去自我的本性，成为外物的奴隶，这就相当于死去，追逐荣华富贵的人就是如此。

五　回归田园之乐

【原文选读】

　　归去来①兮，田园将芜②胡不归？既自以心为形役③，奚惆怅而独悲？悟已往之不谏④，知来者之可追⑤。实迷途其未远，觉今是而昨非。

　　舟遥遥以轻飏⑥，风飘飘而吹衣。问征夫⑦以前路，恨晨光之熹微⑧。乃瞻衡宇⑨，载欣载奔⑩。僮仆欢迎，稚子⑪候门。三径就荒⑫，松菊犹存。携幼入室，有酒盈樽⑬。引壶觞⑭以自酌，眄庭柯以怡颜⑮。倚南窗以寄傲⑯，审容膝⑰之易安。园日涉⑱以成趣，门虽设而常关。策扶老以流憩⑲，时矫首而遐观⑳。云无心以出岫㉑，鸟倦飞而知还。景翳翳以将入㉒，抚孤松而盘桓㉓。

（选自晋·陶渊明《归去来兮辞》）

注释：

　　①归去来：回去吧。来，助词，无义。

　　②芜：田地荒芜。

　　③以心为形役：让内心被形体役使，指为了糊口而违背内心做官。

　　④已往之不谏：过去做官错了，但是已经不能改正。谏，劝止。

　　⑤追：补救。

　　⑥遥遥以轻飏（yáng）：轻快地飘荡前行。遥遥，船摇摆的样子。飏，飞扬，形容船行驶轻快的样子。

　　⑦征夫：行人。

　　⑧熹（xī）微：天色微明。

　　⑨衡宇：简陋的屋子。

⑩载欣载奔：一边高兴，一边奔跑。载……载……，一边……一边。

⑪稚子：幼儿。

⑫三径就荒：院子里的小路都快要荒芜了。三径，汉朝蒋诩隐居后，在院子里有三条小路，闭门不出，只与少数朋友往来。后世用"三径"指归隐者的家。

⑬盈樽（zūn）：满杯。

⑭觞（shāng）：一种酒器。

⑮眄（miǎn）庭柯以怡颜：看看庭中的树木，让自己脸上露出愉悦神色。

⑯寄傲：寄托傲然自得的情怀。

⑰容膝：只能容下双膝，形容屋子狭小。

⑱涉：涉足。

⑲策扶老以流憩（qì）：拄着拐杖到处走走歇歇。策，拄着。扶老，拐杖。流憩，指无目的地漫步和随时随地休息。

⑳矫首而遐观：抬头远望。矫首，抬头。遐，远。

㉑岫（xiù）：山洞，此处泛指山峰。

㉒景（yǐng）翳翳（yì）以将入：阳光黯淡，太阳就要落山了。景，通"影"，日光。翳翳，昏暗的样子。入，落下去。

㉓盘桓：徘徊。

【文意疏通】

回去吧，田园就要荒芜了，为什么还不回去？既然自己的内心被身体役使，为什么独自惆怅悲伤？明白过去做官已经无法改正，知道未来可以用隐居来补救。其实我在迷途中走得还不算远，觉悟到了现在的选择是对的，而过去是做错了。

船轻快地飘荡前行，风飘动着吹起衣襟。向行人打听前面的路，只恨天亮得太慢了。一看到我的陋室，就高兴着跑上前。仆人

们高兴地迎接我，幼儿在门前等候着。院子里小路都快要荒芜了，但是松树和菊花还都在。带着幼儿进屋，酒已经盛满了杯樽。拿起酒壶酒杯自斟自饮，看看庭中的树木，脸上露出愉悦神色。靠着南窗寄托傲然的心情，觉得只能容下双膝的小屋子也容易让我安乐。每天都去园子走走，很有乐趣。门虽然有，但常关不开。拄着拐杖到处走走歇歇，时而抬头远望。白云无心从山间飘出，鸟儿飞累了知道自己要回去。阳光黯淡，太阳就要落山了。我手抚孤松，徘徊不去。

【义理揭示】

陶渊明曾做彭泽县令，在任仅仅八十多天，就表示"不能为五斗米折腰，拳拳事乡里小人"，辞官而归。《归去来兮辞》集中描写了回归田园的乐趣。节选部分对比做官时的"悲"和归隐时的"欣"；写出做官时"心为形役"，而现在"寄傲""流憩"，顺应了内心。陶渊明以对田园的描写成为杰出的文学家，也以挂冠归隐的行为成为隐居精神的象征。

六 孙思邈固辞爵位

【原文选读】

孙思邈，京兆①华原人也。七岁就学，日诵千余言②。弱冠③，善谈庄、老及百家之说，兼好释典④。洛州总管独孤信见而叹曰："此圣童也。但恨其器大，适小⑤难为用也。"周宣帝⑥时，思邈以王室多故⑦，乃隐居太白山。隋文帝⑧辅政，征为国子博士⑨，称疾不起。尝谓所亲曰："过五十年，当有圣人出，吾方助之以济人。"及太宗⑩即位，召诣京师，嗟其容色甚少，谓曰："故知有道者诚可尊重，羡门、广成⑪，岂虚言哉？"将授以爵位，固辞不受。显庆⑫四年，高宗召见，拜谏议大夫⑬，又固辞不受。上元元年，辞疾请归，特赐良马，及鄱阳公主邑司⑭以居焉。

（选自《旧唐书·孙思邈传》）

注释：

①京兆：指长安。

②千余言：一千多个字。

③弱冠：古时候男子二十岁行冠礼，表示成年。弱冠，指男子二十岁或二十几岁。

④释典：佛教经典。

⑤适小：碰到小处，在小的地方。

⑥周宣帝：北周宣帝宇文赟（yūn）。

⑦多故：多事，变乱多。

⑧隋文帝：隋代开国皇帝杨坚。

⑨国子博士：官名。

⑩太宗：唐太宗李世民。

⑪羡门、广成：羡门子和广成子，传说中的古代仙人。

⑫显庆：与下文中的"上元"都是唐高宗李治的年号。

⑬谏议大夫：官名。

⑭邑司：唐代管理公主事务的机构。当时鄱阳公主未嫁而卒，邑司闲置，所以赐给孙思邈。

【文意疏通】

孙思邈，是京兆华原县人。七岁开始学习，每天诵读一千多字。二十多岁时，擅长谈论庄子、老子及百家的学说，同时也喜好佛教经典。洛州总管独孤信见了他叹息说："这是圣童啊。只是遗憾他的根器太大了，在小的地方都没法用。"北周宣帝时期，孙思邈因为王室有很多变乱，就隐居在太白山中。隋文帝辅政的时候，征召他做国子博士，他称病不起，不肯赴任。他曾经对所亲近的人说："五十年后，应该有圣人出现，我将帮助他来救济世人。"等到唐太宗即位，召他到京城，感叹他的容貌很年轻，对他说："由此知道有道的人确实值得尊敬，羡门子和广成子的传说，难道会是假的吗？"要授给他爵位，他坚决推辞不接受。显庆四年，唐高宗召见他，任命他为谏议大夫，他又坚决推辞不接受。上元元年，他推托有病请求回去，高宗特地赐给他良马，又赐闲置的鄱阳公主邑司来给他住。

【义理揭示】

孙思邈本身是道士，同时也喜好佛典。《旧唐书》中把他的传记列入"方伎"类，这一类专门记载医药方面有成就的人。《新唐书》却把他归入"隐逸"类，这一类多记隐士。综合起来，他是道士，是医师，受到皇帝赏识。他却又被认为是隐士，真可谓是隐于医、隐于市朝了。

七 李白傲视权贵

【原文选读】

天宝①初，客游会稽，与道士吴筠隐于剡②中。既而玄宗诏筠赴京师，筠荐之于朝。遣使召之，与筠俱待诏③翰林。白既嗜④酒，日与饮徒醉于酒肆⑤。玄宗度曲⑥，欲造乐府新词，亟⑦召白，白已卧于酒肆矣。召入，以水洒面，即令秉笔⑧，顷之成十余章⑨，帝颇嘉之。尝沉醉殿上，引足令高力士⑩脱靴，由是斥去⑪。乃浪迹江湖，终日沉饮。时侍御史⑫崔宗之谪官金陵，与白诗酒唱和。尝月夜乘舟，自采石⑬达金陵。白衣宫锦袍，于舟中顾瞻笑傲，旁若无人。初，贺知章⑭见白，赏之曰："此天上谪仙人也。"

（《旧唐书·李白传》）

忽魂悸⑮以魄动，恍⑯惊起而长嗟。惟觉时⑰之枕席，失向来之烟霞。世间行乐亦如此，古来万事东流水。别君去兮何时还？且放白鹿青崖间。须行即骑访名山。安能摧眉折腰⑱事权贵，使我不得开心颜！

（李白《梦游天姥吟留别》）

注释：

①天宝：唐玄宗李隆基的年号。

②剡（shàn）：地名，在今浙江东部。

③待诏：等待诏命。

④嗜（shì）：嗜好，爱好。

⑤日与饮徒醉于酒肆：每天和酒友们在酒店喝醉。饮徒，酒友。酒肆，酒店。

⑥度曲：作曲子。

⑦亟（jí）：紧急，急切。

⑧秉（bǐng）笔：拿着笔，指写作。

⑨章：一段音乐结束为一章。

⑩高力士：唐玄宗时宦官，很得皇帝信任，势力很大。

⑪斥去：被排斥离开。

⑫侍御史：官名。

⑬采石：即采石矶（jī），在今安徽省马鞍山市的长江南岸。

⑭贺知章：唐代著名诗人。

⑮悸（jì）：因害怕而心跳。

⑯恍（huǎng）：猛然，忽然。

⑰觉（jué）时：醒时。

⑱摧眉折腰：低头弯腰，卑躬屈膝。摧眉，低眉。

【文意疏通】

《旧唐书·李白传》记载李白的故事如下：

天宝初年，李白在会稽游历，和道士吴筠一起在剡县一带隐居。不久唐玄宗下诏召吴筠去京城，吴筠向朝廷推荐李白。玄宗派遣使者召李白，让他和吴筠都待诏翰林院。李白本来喜欢喝酒，就每天和酒友们在酒店喝醉。玄宗作了曲子，想编乐府新词来配唱，紧急宣召李白，李白却已经醉卧在酒店了。玄宗把李白找来，拿水洒脸让他清醒，就让他执笔写作，他一会儿就写成十多段，玄宗十分赞赏他。李白曾经在宫殿中大醉，伸脚命令高力士给自己脱靴子，因此被排挤离开朝廷。于是浪迹于江湖，整天沉湎于喝酒。当时侍御史崔宗之被贬官去金陵，和李白一起喝酒，吟诗唱和。曾经在月夜乘船，从采石矶到金陵去。李白穿着用宫锦制成的袍子，在船中顾盼笑傲，旁若无人。当初，贺知章见到李白，很赏识他，说："这是天上贬到人间的仙人啊！"

李白被排挤出京后，写了《梦游天姥吟留别》一诗。诗的结尾部分如下：

忽然魂魄惊动，恍然惊醒长叹。只有醒时所见的枕席，消失了先前梦中见到的烟霞。人世间的行乐之事也是这样，自古以来万事像东流水一去不复返。告别你们而去，何时才能回来？暂且把白鹿放在青青山崖之间，要行走的时候就骑着访问名山。怎能低头弯腰地服侍权贵，让我不能开心展颜！

【义理揭示】

李白嗜酒如命，洒脱不羁。他在朝廷任翰林学士时，有贵妃捧砚、力士脱靴、御手调羹的传说。他被排斥出京后，写诗呐喊"安能摧眉折腰事权贵"。他的所作所为，有豪放不羁之气概，有傲视权贵之心，有强烈的自尊、自由意识，不肯违背自己的本性屈从他人。这些都和道家的一些观念相合，难怪会被贺知章称为"谪仙人"。

八 王冕不仕

【原文选读】

时冕父已卒，即迎母入越城①就养。久之，母思还故里，冕买白牛驾母车，自被②古冠服随车后。乡里小儿竞遮道讪笑③，冕亦笑。

著作郎李孝光④欲荐之为府史，冕骂曰："吾有田可耕，有书可读，肯朝夕抱案立庭下⑤，备奴使⑥哉？"每居小楼上，客至，僮入报，命之登，乃登。部使者⑦行郡，坐马上求见，拒之，去。去不百武⑧，冕倚楼长啸，使者闻之惭。

冕屡应进士举，不中。叹曰："此童子羞为者，吾可溺是⑨哉？"竟弃去。买舟下东吴⑩，渡大江，入淮、楚⑪，历览名山川。或遇奇才侠客，谈古豪杰事，即呼酒共饮，慷慨悲吟，人斥为狂奴。

北游燕都⑫，馆秘书卿泰不花家⑬。泰不花荐以馆职⑭，冕曰："公诚愚人哉！不满十年，此中狐兔游⑮矣，何以禄仕为⑯？"即日将南辕⑰，会其友武林卢生死滦阳⑱，唯两幼女、一童留燕，伥伥⑲无所依。冕知之，不远千里走滦阳，取生遗骨，且挈⑳二女还生家。

（选自明·宋濂《王冕传》）

注释：

　①越城：指绍兴。

　②被：通"披"，穿戴。

　③遮道讪（shàn）笑：拦路讥笑他。遮道，拦路。

　④著作郎李孝光：元朝任秘书著作郎的李孝光。著作郎，即秘书著作郎，官名。

　⑤肯朝夕抱案立庭下：难道肯从早到晚抱着文书立在官府的大堂下。肯，岂肯。

　⑥奴使：奴役使唤。

　⑦部使者：即御史，掌管督察郡国的官员。

　⑧武：半步为武。

　⑨溺是：沉溺于此。

　⑩东吴：今江苏省东部。

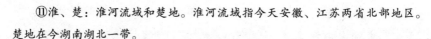
⑪淮、楚：淮河流域和楚地。淮河流域指今天安徽、江苏两省北部地区。楚地在今湖南湖北一带。

⑫燕都：大都，今北京。

⑬馆秘书卿泰不花家：住在秘书卿泰不花家。馆，住宿。秘书卿，官名。

⑭馆职：史馆中的职务。

⑮狐兔游：狐狸兔子出没，指遭动乱破败。

⑯何以禄仕为：为什么要做官呢？

⑰南辕：车辕向南，即南归。

⑱会其友武林卢生死滦（luán）阳：碰上他的朋友杭州人卢生死在滦阳。武林，杭州别称。滦阳，地名，今河北迁安西北。

⑲怅怅：无所适从的样子。

⑳挈（qiè）：带着。

【文意疏通】

当时王冕的父亲已经去世，他就迎接母亲到绍兴养老。很长时间以后，母亲想念故乡因而回去，王冕买了头白牛拉车子载着母亲，自己则穿戴古人的衣服帽子跟在车后。乡间的孩童争着拦路讥笑他，王冕也笑。

著作郎李孝光想推荐王冕做府衙小吏，王冕骂道：“我有田可以耕，有书可以读，难道肯从早到晚抱着文书立在官府的大堂下，让人奴役使唤吗？”他常住在小楼上，客人来了，小童来报知，他让客人上楼，客人才可以上去。御史经过绍兴，坐在马上要求见王冕，王冕拒绝了，御史离开不到百步，王冕倚在楼上长啸，御史听到了觉得很惭愧。

王冕多次去考进士，都没考中。他叹道：“这是小孩子都羞于做的事，我怎么可以沉溺于此呢？”最终放弃了。王冕雇船下东吴，经过大江，进入淮、楚等地，游遍了名山大川。有时遇到有奇异才能的侠客，谈论古时候豪杰的事迹，就招呼一起喝酒，慷慨悲歌，别人骂他是狂奴。

　　向北到了大都，住在秘书卿泰不花家。泰不花推荐王冕到史馆任职，他说："你真是愚人啊！不出十年，这里就会变成狐狸兔子出没之地，为什么要做官呢？"当天他要南归，碰上他的朋友杭州人卢生死在滦阳，留下两个幼女、一个书童在燕地，无所适从，没有依靠。王冕知道了，不远千里前往滦阳，取回卢生的骸骨，并且带着卢生的两个幼女送回到卢生家。

【义理揭示】

　　王冕出身农家，性格狂放不羁，而有奇才，预见了元末的动乱。他放弃科举，拒绝别人推荐自己做官，不理睬求见自己的官员，后来隐居九里山，这些行为都合乎道家的观念。而他对古礼的追求，他对朋友后事的照料，又合乎儒家精神，以至于清代吴敬梓在著名的小说《儒林外史》中，把他塑造成坚持儒家之礼的理想君子。

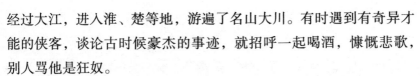

九　李我隐于江湖

【原文选读】

　　江南生者，嘉庆间江南畸人①也，隐于江湖。尝游湖湘②、江西，不言姓字。年三十许，无须，长身颀③立，动止傲诡④。逢人辄谈韵学⑤，时或及经义⑥，独发奇论，闻者舌挢不能下⑦。庐溪诸生林逢馨馆之家^⑧，事以师礼，昕夕讲贯^⑨。有以疑义询者，辄曰："出某书第几页。"检之果然。数十问，无一误。性嗜酒，酣饮无算，醉辄佗傺^⑩悲啸。与之游者莫之测^⑪也，逡巡^⑫避去。不甚喜见客，尤厌薄^⑬富家儿，有造谒者，则闭户大声读书，俟其去，乃已^⑭。好习礼仪。述经学，以汉魏为宗。县令杨朝位馆之半载。独居，恒拊膺太息^⑮，若有大不得已于中者^⑯。一日，忽辞归。赆^⑰以金，却之曰："吾无所用此也。"遂去。或谓生实姓李，偶见其《赠蓰客^⑱》诗，自署"李我"也。

（选自徐柯《清稗类钞》，有删节）

注释：

①嘉庆间江南畸（jī）人：嘉庆间特立独行不同于流俗的人。嘉庆，清仁宗年号。畸人，特立独行不同于流俗的人。

②湖湘：湖南。

③颀（qí）：身材修长。

④动止俶诡（chù guǐ）：举动奇异。俶诡，奇异。

⑤韵学：音韵学，研究汉语声、韵、调的学问。

⑥经义：指儒家经典的义理。

⑦舌挢（jiǎo）不能下：翘起舌头，久久不能放下，形容非常惊讶。挢，举起，翘起。

⑧庐溪诸生林逢馨馆之家：庐溪生员林逢馨请他到自己家教书。诸生，明清对已入学的生员的称呼。馆，就馆，开私塾。

⑨昕（xīn）夕讲贯：从早到晚讲习。昕夕，朝暮。

⑩佗傺（chà chì）：失意的样子。

⑪莫之测："莫测之"的倒装，不能揣测他的心意。

⑫逡（qūn）巡：进退迟疑的样子。

⑬厌薄：厌恶慢待。

⑭已：停止。

⑮拊膺（fǔ yīng）太息：捶胸叹气。拊膺，捶胸。

⑯若有大不得已于中者：仿佛内心有非常无奈的事。不得已，无可奈何。

⑰赆（jìn）：临别赠礼。

⑱葠（shēn）客：采人参的人。葠，通"参"。

【文意疏通】

　　江南某生，是嘉庆年间特立独行不同于流俗的人，隐居在江湖之中。他曾游历湖南、江西，不肯说出自己的姓名。年龄三十多岁，身材修长，举动奇异。逢人就谈论音韵学，有时候会谈到儒家经书的义理，讲出奇特的说法，让听到的人惊讶地翘起舌头久久不能放下。庐溪生员林逢馨请他到自己家教书，用对待老师的礼节来侍奉他，从早到晚听他讲习。有拿疑难问题来问他的，他总是回答："在某本书第几页中。"查一下果然如此。问了几十次，没有一次说错的。他生性喜欢喝酒，喝个没够，醉了就失意地悲啸。和他同游的人不能揣测他的心意，都迟疑地避开他。他不很喜欢接待客人，尤其厌恶慢待富人家的子弟。有人来拜访，他就关门大声读书，等到来人走掉了，才停下来。他喜欢演习儒家的礼仪。讲述儒家经学，以汉魏时期的学问为效法对象。县令杨朝位请他开私塾有半年时间。他自己一个人居住，总是捶胸叹气，仿佛内心有非常无奈的事。有一天，忽然告辞要回去。临别赠给他钱，他推辞说："我没有用到这个的地方。"于是就离去了。有人说他其实姓李，偶然见到他写的《赠葠客》诗，自己署名为"李我"。

【义理揭示】

　　故事中的李我厌恶薄待富家儿，不贪赠礼，嗜酒，举动奇异，有不慕荣利的品格。但是他谈论的是儒家经典，又好习礼仪，常常捶胸长叹，显然与道家反对礼仪提倡内心宁定的思想颇有距离。这个故事在《清稗类钞》中归入"隐逸类"。可见后世所谓的隐士，往往泛指有德有才而未出仕者，并非限于尊奉道家学说者。

十　村姬"毒舌"

【原文选读】

　　陈公永斋大魁天下①，给假南归。行至甜水铺，旁有小村落。见竹篱半架，左有双黑扉，一女郎倚扉斜立，捉风中絮搓掌上，嗤嗤憨笑。

　　陈睨②之，魂飞色夺③，因兜搭④与语。女郎不怒亦不答，但呼阿母来。亡何，一驼背媪⑤出。陈乃夸状元以歆动⑥之。媪俯思良久，曰："状元是何物？"陈曰："读书成进士，名魁金榜，入词垣⑦，掌制诰⑧，以文章华国⑨，为天下第一人，是名状元。"媪曰："不知第一人，几年一出？"曰："三年。"女从旁微哂⑩曰："吾谓状元，是千古第一人，原来只三年一个！此等脚色，也向人喋喋不休⑪，大是怪事！"媪叱曰："小妖婢嚣薄⑫嘴，动辄翘人短处⑬！"女曰："干侬⑭甚事，痴儿自取病⑮耳！"一笑竟去。

　　陈惘然久之，继而谓媪曰："如不弃嫌，敬留薄聘。"脱囊中双南金⑯予之。媪手摩再四，曰："嗅之不馨，握之辄冰，是何物哉？"陈曰："此名黄金。汝辈得之，寒可作衣，饥可作食，真世宝也！"

媪曰："吾家有桑百株，有田半顷，颇不忧冻馁^⑰，是物恐此间无用处，还留状元郎作用度。"掷之地曰："可惜风魔儿^⑱，全无一点大雅相，徒以财势恐吓人耳！"言毕，阖扉而进，陈痴立半晌，嗟叹而返。

（选自清·沈起凤《谐铎》，有删节）

注释：

①大魁天下：在天下所有的考生中得了第一名，指中状元。

②睨（nì）：斜着眼睛看，偷看。

③魂飞色夺：魂灵飞走，脸色改变，形容被迷住了。

④兜搭：上前搭话。

⑤媪：老年妇人。

⑥歆（xīn）动：使对方欣喜动心。

⑦词垣（yuán）：翰林院。

⑧制诰（gào）：皇帝的诏令。

⑨华国：光耀国家。

⑩微哂（shěn）：微笑。

⑪喋喋不休：唠唠叨叨，说个不停。

⑫嚣（xiāo）薄：刻薄。

⑬动辄翘人短处：动不动揭人家的短。

⑭侬（nóng）：我。

⑮自取病：自找难看。

⑯双南金：成色好、价值贵一倍的优质黄金。

⑰冻馁（něi）：受冻挨饿。

⑱风魔儿：轻浮的人。风魔，轻浮，轻狂。

【文意疏通】

陈永斋中了状元，朝廷给了他假期南行回乡。走到甜水铺这个地方，旁边有个小村子。只见有半架竹子编的篱笆，左边有双扇黑门，一个女孩子倚着门斜立着，捉风中飘飞的花絮搓在掌上，嗤嗤地憨笑。

陈永斋斜眼偷看，顿时魂灵飞走，脸色改变，于是上前搭话。女孩子不生气也不答话，只叫唤自己妈妈来。没多久，一个驼背的老太太出来。陈永斋于是夸耀自己是状元，想让对方欣喜动心。老太太低头想了很久，问："状元是什么东西？"陈永斋说："读书成进士，得了其中的第一名，进入翰林院，掌管皇帝的诏令，靠文章光耀国家，是天下第一人，这就叫状元。"老太太说："不知第一人，几年一出？"陈永斋回答："三年。"女孩子在旁边微笑说："我还以为状元是千古第一人，原来只是三年出一个！这种角色，也向人说个不停，真是怪事！"老太太斥责她说："小妖妮子，你的嘴怎么这么刻薄，动不动就揭人家的短！"女孩子说："关我什么事，傻东西自找难看！"笑了笑就离开了。

陈永斋怅惘了很长时间，接着对老太太说："如果你不嫌弃，请让我留下微薄的聘礼。"他从行囊中拿出成色好、价值贵一倍的优质黄金给老太太。老太太用手再三抚摸，说："闻起来不香，握在手里就觉得凉，这是什么东西？"陈永斋说："这叫黄金。你们得到了，冷了可以买衣服，饿了可以买食物，真是世上的宝贝！"老太太说："我家有百棵桑树，有半顷田地，不怎么担心受冻挨饿，这东西恐怕在这里没用，还是留给状元郎派用场吧。"把黄金丢到地上说："真可惜好好一个人，这么轻浮，没有一点点文雅的样子，只是拿财物和权势吓唬人罢了！"说完，关上门进去了。陈永斋呆

呆地站了半天，叹息着回去了。

【义理揭示】

陈永斋看上了村中女子，想用地位和财富来打动对方。哪里料想村中母女一唱一和，对他"以财势吓人"的行为进行了辛辣的嘲讽。在母女的话中，状元是不值一提的角色，黄金是无用的东西，自己有桑有田，不受冻饿，足以恬然自乐。这种不慕富贵、甘于平淡的生活态度值得肯定。村姬的"毒舌"中，蕴含聪慧。

与儒家讲求积极用世，以"兼济天下"为目标不同，道家推崇清静无为，以"保形全真"为理想。儒家虽然也有"穷则独善其身"的说法，但那毕竟不是第一选择。道家中以庄子为代表的派别，指出"养志者忘形，养形者忘利，致道者忘心"，也就是说要想通达大道，就必须摆脱外部世界名利的束缚，忘掉内心的知见和欲望，回归本来的虚静状态。出仕为官，自然是追逐名利的代表性行为，是道家反对的。因此那些不求仕进的隐士们，便受到了肯定和赞美。

与不慕荣利的品格直接相关的隐居避世行为，最早可以追溯到商周之际，据《史记》记载，商纣王的大臣微子、箕子进谏不被采纳，于是"隐而鼓琴以自悲"。《庄子》书中多次提到这样的古隐士，他们是"无道则隐"的典型。而在庄子看来，在乱世中，"时命大谬"的情形下，不肯出仕，这是一种"存身之道"。于是，归隐就和老庄哲学中"贵生"的思想关联起来，体现了老子"贵以身为天下"和庄子"保身""全生""尽年"的观念。

另外，老子从对天道的观察中，提出"至人无为"。但是，无为其实并非无所作为，而是反对违背天地运行之道的"有为"。"无为"是手段，而"为"是目的，也就是"无为而不为"。所以，老子不断强调"为而不恃"，顺应自然而能做好一切事，却不居功，从而"功遂身退"。范蠡有着对现实政治的清醒认识，所以在立下大功之后，以退隐来避祸。这种做法既实现了自我的价值，又不至于陷入政治斗争的危险的漩涡。这一理念为后世许多追慕隐士之风者所秉承。像晋代诗人左思宣扬"功成不受爵，长揖归田庐"，唐代诗人李白高唱"事了拂衣去，深藏身与名"，都是明证。唐代的著名道士孙思邈，行医济世，被尊称为"药王"，据《旧唐书》和《新唐书》等史籍记载，他和统治者关系其实良好，但是却一再拒绝爵位，不肯为官，可以说是"为而不恃"，是另一种意义上的"功成身退"。

但是道家对于不慕荣利的推崇，并不止于避祸自保和实践功成身退之道。追名逐利往往会堵塞心性，正所谓"嗜欲深则天机浅"。所以，在庄子看来，高官厚禄如同死后的华美棺木，如同死老鼠，被荣华富贵束缚住的人，失去了自己本真的生命，如同庙堂的枯骨。庄子所以拒绝出仕，是因为他把名声地位看作枷锁。人只有摆脱这些外在的东西，才能有"曳尾于涂中"的自由逍遥。陶渊明以做官为"昨非"，以归隐为"今是"，回家的路上体会到的"舟遥遥以轻飏，风飘飘而吹衣"，正是这种"久在樊笼里"之后"复得返自然"的畅快逍遥感。

不慕荣利的精神，最初集中体现在道家的学说中。唐宋之后，

儒、释、道三家的融合，给这一思想带来了一些新的内容。李白虽后来正式加入过道籍，成为真正的道士，但他的思想中始终有儒家积极用世的一面。他对于权贵的傲视，体现了对自我人格尊严的维护，这和他强烈的个体意识是分不开的。这和老庄哲学不慕荣利背后的虚静、柔弱、无为等思想已经有很大的不同。元代的王冕固然拒绝出仕，他穿古冠服、为朋友取遗骨助遗孤的行为，却明显体现了儒家的价值观。清代李我隐居故事中，主角谈论"韵学""经义"，并且"习礼仪"，体现的都是儒家之风。

　　不慕荣利的思想在本民族的文化中留下了很深的印记。历代正史自《后汉书》始创《隐逸传》起，为隐士作传就成为传统。既然文化中歌颂积极用世和歌颂退隐山林的两种价值观念并存，处在其中的个体也自然常有仕与隐的永恒矛盾。在追求价值的实现与追求心灵的自由之间徘徊，寻找一个适合自己的平衡点，也就成为古代文人士大夫的常见生存状态。甚至在民间，对富贵的鄙弃、对自足自乐生活的赞美，也成为一种广泛流传的观念。清代沈起凤《谐铎》中"村姬'毒舌'"的故事，就是一个例子。

　　在本民族悠久的历史发展中，不慕荣利的思想，在政治黑暗时期，体现着不与统治者同流合污的精神以及对于现实的清醒批判的精神。对于社会中的个体来说，不管是在古代社会，还是在今天的社会，这种思想都有助于摆脱功名利禄的束缚，获得心灵的安宁和自由。

文化传递

　　著名学者刘文典（1889—1958）是研究《庄子》《淮南子》的专家，著有《淮南鸿烈集解》《庄子补正》《三余札记》《读〈文选〉杂记》等。他才华超众，特立独行，民国时即以"疯子"闻名于世。他在主持省立安徽大学校务期间敢于顶撞蒋介石之事，是流传至今的学界掌故。

　　据传，当时蒋介石曾多次要到安徽大学视察，时任校长的刘文典却屡屡拒绝。最终蒋介石虽然如愿前往，不料学校冷冷清清，居然没有欢迎仪式。后来安徽大学学生闹学潮，蒋介石责令刘文典向他汇报。刘文典昂然而至，蒋介石问他："你就是刘文典？"刘文典回敬说："文典是父母长辈叫的，不是随便哪个人叫的。"刘文典和蒋介石吵起来，说蒋介石是"军阀"，表示大学不是衙门，不需要对蒋介石言听计从。蒋介石一怒之下把刘文典关进监狱，还要枪毙他。后经蔡元培、胡适等人求情，刘文典总算获释，却被勒令离开安徽。

　　此事鲁迅、冯友兰、金克木等人都曾提及，可见当时已在学界广为流传。刘文典的老师章太炎曾跑到元帅府怒斥袁世凯，章太炎知道此事后特地送给刘文典一副对联："养生未羡嵇中散，疾恶真推祢正平。"祢衡和嵇康都是三国魏晋时名士，前者曾有击鼓骂曹操的壮举，后者写《养生论》指出要防患于未然，而最终还是被司马昭处死。章太炎是借典故赞美刘文典不畏权势的精神。

　　刘文典是研究《庄子》的专家，曾自言天下懂庄子的只有两个半人，一个是庄子本人，还有一个就是他刘文典，至于剩下的半个尚未可知。从刘文典的所作所为中可以看出道家精神对他的影响。庄子鄙弃富贵宁做"曳尾于涂中"的自由之龟，这种精神造就了一代代知识分子的傲骨。人们对章太炎、刘文典等人的追慕，也体现出了对这种精神的认同和赞赏。

文化感悟

1. "功成身退"与"鄙弃富贵"有何不同？

2. 如何评价古代的隐士？

3. 选择自己熟悉的一位古代文学家，如李白、苏轼等，阅读相关作品，探讨"归隐"思想的影响。

第二章　法天贵真

文化典籍

一 法天贵真，不拘于俗

【原文选读】

孔子愀然^①曰："请问何谓真？"客曰："真者，精诚之至也。不精不诚，不能动人。故强哭者虽悲不哀，强怒者虽严不威，强亲者虽笑不和。真悲无声而哀，真怒未发^②而威，真亲未笑而和。真在内者，神动于外，是所以贵真也。其用于人理^③也，事亲则慈孝，事君则忠贞，饮酒则欢乐，处丧则悲哀。忠贞以功为主，饮酒以乐为主，处丧以哀为主，事亲以适^④为主。功成之美，无一其迹^⑤矣；事亲以适，不论所以^⑥矣；饮酒以乐，不选其具^⑦矣；处丧以哀，无问其礼矣。礼者，世俗之所为也；真者，所以受于天也，自然不可易也。故圣人法天贵真，不拘于俗。愚者反此^⑧。不能法天而恤^⑨于人，不知贵真，禄禄而受变于俗^⑩，故不足。惜哉，子之蚤

湛于人伪而晚闻大道⑪也！"

（选自《庄子·渔父》）

注释：

　　①愀（qiǎo）然：脸色改变的样子。

　　②发：发作。

　　③人理：人伦。

　　④适：顺，指随顺父母的心意。

　　⑤无一其迹：不用局限于一种途径。无，通"毋"，不用。迹，途径。

　　⑥所以：所用的方法。

　　⑦具：器具，酒器。

　　⑧反此：与此相反。

　　⑨恤（xù）：担忧，忧心。

　　⑩禄禄而受变于俗：平庸地受世俗影响而变化。禄禄，平凡的样子。

　　⑪蚤湛（dān）于人伪而晚闻大道：过早地沉溺在人为的事情中，太晚才听到大道。蚤，通"早"。湛，通"耽"，沉溺，沉迷。人伪，人为之事，指儒家崇尚的礼乐。

【文意疏通】

　　孔子改变了脸色说："请问什么叫作真？"客回答说："真就是精诚到极致。不精诚，就不能打动人。所以勉强哭泣的人虽然表现得悲痛其实却不哀伤，勉强发怒的人虽然表现得严厉却没有威势，勉强对人亲切的人虽然笑着却不能让人感觉到和气。真正的悲痛没有声音却哀伤，真正的发怒没有发作就有了威势，真正的亲切不笑就使人觉得和气。内心真诚，表现于外在的神色上，这就是本真的可贵。用在人伦方面，服侍父母就会孝慈，服侍国君就会忠贞，喝酒就欢乐，处丧就悲哀。忠贞以功名为主，饮酒以欢乐为主，处丧以悲哀为主，事亲以顺从为主。追求功业成就的完美，不要局限于一种途径。服侍父母以顺从适意为主，不问用什么方法；饮酒欢乐就行，不选择用什么酒器；处丧为表达哀伤，不讲究用何种礼仪。礼仪是世俗中人为规定的东西；真性是秉承于天、顺于自然不可改变的东西。所以，圣人效法天道珍重本真，不拘泥于世俗。愚昧的人与此相反。不能效法天道而忧心于人事，不懂得要珍重本真，平庸地受世俗影响而变化，所以不知满足。可惜啊，你过早地沉溺在人为的事情中，太晚才听到大道！"

【义理揭示】

这个故事站在道家的立场上，安排儒家的代表人物孔子诚心向"客"请教，听对方讲了一番法天贵真的道理。儒家所崇尚的"礼"，被看作"人伪"，如果沉溺于此，就会被世俗拘束，无法做到回归本真。而随顺自己的本心，不必按照世俗的规矩，自然做到忠贞孝慈，自然表露出自己的喜怒哀乐，这才是"真"之体现。

二 万物皆有天机

【原文选读】

夔怜蚿[1]，蚿怜蛇，蛇怜风，风怜目，目怜心。夔谓蚿曰："吾以一足趻踔[2]而行，予无如矣[3]。今子之使万足，独奈何[4]？"蚿曰："不然。子不见夫唾者[5]乎？喷则大者如珠，小者如雾，杂而下者不可胜数也。今予动吾天机[6]，而不知其所以然[7]。"蚿谓蛇

曰："吾以众足行而不及子之无足，何也？"蛇曰："夫天机之所动，何可易邪^⑧？吾安用足^⑨哉？"

（《庄子·秋水》）

夔则以少企^⑩多，故怜蚿。蚿则以有羡无，故怜蛇。蛇则以小企大，故怜风。风则以暗慕明，故怜目。目则以外慕内，故怜心。欲明天地万物，皆禀自然，明暗有无，无劳^⑪企羡，放而任之，自合玄道^⑫。倒置^⑬之徒，妄心希慕，故举夔等之粗事^⑭，以明天机之妙理。

（唐·成玄英《庄子疏》）

注释：

①夔（kuí）怜蚿（xián）：一只脚的夔美慕百足的蚿。夔，传说中似牛而无角、一只脚的兽。据《山海经·大荒东经》载："东海中有流波山，入海七千里，其上有兽，状如牛，苍身而无角，一足，出入水则必风雨。其光如日月，其声如雷，其名曰夔。"怜，美慕、仰慕。蚿，百足虫。

②跀踔（chěn chuō）：跳着走。

③予无如矣："无如予矣"的倒装句，没有像我这样简便的了。

④独奈何：将怎么办呢。

⑤唾者：吐唾沫或打喷嚏的人。

⑥天机：天生具有的机能，天性本能。

⑦不知其所以然：不知道它究竟是怎么动的。

⑧易：改变。

⑨安用足：哪里用得着脚呢。

⑩企：企求，期望。

⑪无劳：无须，不烦。

⑫玄道：大道。

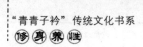
⑬倒置：颠倒过来，看不清对错。

⑭粗事：粗简的事情，与下文精微的"妙理"相对而言。

【文意疏通】

一只脚的夔羡慕多足的蚿，多足的蚿羡慕没有脚的蛇，蛇羡慕风，风羡慕眼睛，眼睛羡慕心。夔对蚿说："我用一只脚跳着走路，再没有像我这样简便的了。现在你使用一万只脚，将怎么办得到呢？"蚿说："不是这样的。你没有看见打喷嚏的人吗？喷出的唾沫大的像水珠，小的像雾气，混杂着落下来，多得数不清楚。现在我运用我天生具有的技能，却不知道它究竟是怎么发动的。"蚿对蛇说："我用很多脚行路而比不上没有脚的你，是为什么呢？"蛇说："天生具有的机能发动，怎么可以改变呢？我哪里用得着脚呢？"

唐代道士成玄英这样解释上面出自《庄子·秋水》的故事：

夔因为自己脚少而期盼脚多，所以羡慕蚿。蚿则因为自己有脚而期盼无脚就能走，所以羡慕蛇。蛇则因为自己小期盼大，所以羡慕风。风则因为自己无光亮期盼明亮，所以羡慕眼睛。眼睛则因为自己在外面期盼在里面的，所以羡慕心。这一部分想要说明天地万物都秉承自然而生，明暗有无，都用不着羡慕，放任自己的天性，自然合于大道。见识颠倒的人，胡乱羡慕别人，所以举夔等粗简的事，来说明"天机"这一玄妙道理。

【义理揭示】

万物都有自己的"天机"。夔、蚿、蛇、风虽然有脚无脚、脚多脚少以及用来前行的方式都有所不同，但在使用自己的天然本能这一点上却是一样的。只要接受自我，纯按自然天性而动，就能合

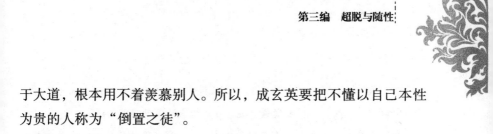

于大道，根本用不着羡慕别人。所以，成玄英要把不懂以自己本性为贵的人称为"倒置之徒"。

三 尽物之性的至德之世

【原文选读】

彼民有常性①，织而衣，耕而食，是谓同德②。一而不党③，命曰天放④。故至德之世⑤，其行填填⑥，其视颠颠⑦。当是时也，山无蹊隧⑧，泽无舟梁⑨；万物群生，连属其乡⑩；禽兽成群，草木遂长⑪。是故禽兽可系羁⑫而游，鸟鹊之巢可攀援而窥⑬。夫至德之世，同与禽兽居，族与万物并⑭，恶乎⑮知君子小人哉！同乎无知⑯，其德不离；同乎无欲，是谓素朴⑰；素朴而民性得矣。及至圣人，蹩躠为仁⑱，踶跂为义⑲，而天下始疑矣⑳；澶漫㉑为乐，摘僻为礼㉒，而天下始分㉓矣。

（选自《庄子·马蹄》）

注释：

①常性：恒常不变的本性。

②同德：共性。这里是说顺着恒常不变的天性生活，耕田织布过活就可以了。

③一而不党：纯一而没有偏私。人与万物浑然一体，没有了尊卑贵贱，远近亲疏的区别，也就无所偏私了。

④天放：天赐予的自由。

⑤至德之世：道德最高尚的时代，理想的社会。

⑥填填：悠闲稳重的样子。

⑦颠颠：质朴的样子。指目光专注不游移，表现出质朴而无心机的神态。

⑧蹊（xī）隧：小路和隧道。隧，在山中或地下开凿的通道。

⑨泽无舟梁：水上也没有舟船和桥梁。泽，聚水低注的地方，此处泛指江河湖泊。梁，桥梁。

⑩连属其乡：居处相连接，不分彼此。连属，连接。乡，居处。

⑪遂长：成长，滋长。遂，成。

⑫系羁（jī）：用绳子牵引。

⑬攀援而窥：拉着东西爬上去看。鸟鹊的窝多在树上，要爬上去才能窥视。人和鸟兽和谐相处，鸟兽对人也不畏惧，所以可以去看，互不伤害。

⑭族与万物并：人群与万物共处，浑然一体，不加区分。族，聚在一起。并，共存。

⑮恶乎：哪里。

⑯同乎无知：与无知的东西相同。

⑰素朴：素为没有染色的白绢，朴是没有加工过的木料，用以比喻人未受后天污染的自然本性。

⑱蹩躠（bié xiè）：形容跛子摇摇晃晃走路的样子，引申为费劲的样子。

⑲踶跂（zhì qǐ）：足尖点地，跷脚站立的样子，形容极力去推行仁义的样子。

⑳天下始疑矣：指仁义破坏了纯朴本性，产生种种迷惑和猜疑。疑，猜疑，迷惑。

㉑澶（chán）漫：放纵没有节制。

㉒摘僻为礼：不断选取、分析，使礼仪变得十分烦琐。摘，选取，摘取；僻，分析。

㉓分：区分，区别。与上文"同德""同乎无欲"相反，指开始有了个人的知识欲望。

【文意疏通】

那些民众有恒常的本性，纺织而得到衣服，耕种而得到粮食，这就叫作共同的天性。人与万物浑然一体而不偏私，就可以称为天赐予的自由。所以在道德最高尚的时代，每个人走路悠闲稳重，看东西朴拙无心。在那个时代，山间没有开凿道路隧道，水上也没有舟船和桥梁。人类与万物聚成一群，居处相连接，不分彼此；禽兽成群结队，草木滋长。因此，人可以牵引禽兽到处漫游，也可爬上树窥看鸟鹊的窝。在那德行最高尚的时代，人与禽兽一同居住，与万物聚在一处浑然不分，哪里知道君子和小人的区别呢！人与无知的东西相同，他的自然本性就不会离散；人与无欲的东西相同，这就叫作未受污染的自然本质；自然本质不变就能保持人的本性。等到圣人出现，用尽心力去推行仁，极力去追求义，而天下才开始产生猜疑迷惑；放纵地追求乐，繁琐地规定礼，而天下由此出现种种区分。

【义理揭示】

在理想的至德之世中，万物都能按其自然天性自由自在地生活，不止人与人之间，连人与禽兽之间乃至人与天地万物之间都是浑然一体，共生共存，一派宁静祥和景象。而圣人的仁义礼乐之教打破了这种状态。这一段在对仁义礼乐的否定中，肯定了人按本性生活的自然状态，也说明社会环境对个人的自我修养有很大影响。

四 天道无为，听恣其性

【原文选读】

夫天覆①於上，地偃②於下，下气烝③上，上气降下，万物自生其中间矣。当其生也，天不须复与④也，由⑤子在母怀中，父不能知也。物自生，子自成，天地父母，何与知⑥哉？及其生也，人道有教训之义。

天道无为，听恣⑦其性，故放鱼于川，纵兽于山，从其性命之欲⑧也。不驱鱼令上陵⑨，不逐兽令入渊者，何哉？拂诡⑩其性，失其所宜也。夫百姓，鱼兽之类也，上德⑪治之，若烹小鲜⑫，与天地同操⑬也。商鞅变秦法⑭，欲为殊异之功，不听赵良之议⑮，以取车裂之患⑯。德薄多欲，君臣相憎怨也。道家德厚，下当⑰其上，上安其下，纯蒙⑱无为，何复谴告⑲？

（选自东汉·王充《论衡·自然》）

注释：

①覆：遮盖。

②偃（yǎn）：仰卧。

③烝（zhēng）：通"蒸"，热气上升。

④与（yù）：参与。

⑤由：通"犹"，如同，好像。

⑥与知：参与过问。

⑦听恣：听任放纵。

⑧从其性命之欲：顺从它们本性的要求。

⑨陵：山坡。

⑩拂诡：违背。

⑪上德：具有很高德行的人。

⑫若烹小鲜：如同烹煮小鱼。语出《老子》"治大国若烹小鲜"，意思是像煮小鱼不要翻动免得弄碎一样，治国也要无为而治。

⑬操：德性。

⑭商鞅变秦法：商鞅改变秦国的法令。商鞅，战国时法家代表人物，本为卫国国君后裔，在秦国孝公时期主持变法。

⑮赵良之议：赵良是秦孝公时人，曾劝商鞅修德恤民、隐退避祸，商鞅不听。

⑯以取车裂之患：秦孝公死后，商鞅被抓捕，处以车裂之刑。

⑰当：适应。

⑱纯蒙：纯朴。

⑲谴（qiǎn）告：指责警告。

【文意疏通】

天覆盖在上面，地仰卧在下面，下面的气上升，上面的气下降，万物自然地生长在这中间。当万物生长时，天不需要再参与，如同孩子在母胎中，父亲无法知情。万物自然生成，孩子自然生出，天地和父母，何必参与过问呢？等到孩子生下来，人们有教育抚养的义务。

天道无为，听任万物放纵自己的本性，所以放任鱼在水中，兽在山上，这是顺从它们本性的要求。不驱赶鱼上山，不驱使兽入水，为什么呢？因为那样会违背它们的本性，使它们失去适宜的地方。百姓和鱼兽是差不多的，具有很高德行的人治理天下，如同烹煮小鱼，和天地有着同样无为的德行。商鞅改变秦国的法令，想要建立特异的功绩，不听赵良的劝告，以至于遭受车裂的祸患。这是因为他德行浅薄，君臣互相憎恨埋怨。道家德性浑厚，下面的百姓适应上面的统治者，上面的统治者安抚下面的百姓，纯朴无为，哪里用得着指责警告呢？

【义理揭示】

王充主张效法天地，听任万物顺从本性。如同鱼兽各有各的本性，不能胡乱干预一样，天下百姓也有其本性，统治者要无为而治。商鞅式的法家治理方式，违背人的天性，限制了百姓的自由，会导致嫌怨和不满。

五 阮籍的真性情

【原文选读】

籍虽不拘礼教①，然发言玄远②，口不臧否③人物。性至孝，母终，正与人围棋，对者求止，籍留与决赌④。既而饮酒二斗，举声一号⑤，吐血数升。及将葬，食一蒸肫⑥，饮二斗酒，然后临诀⑦，直言"穷矣"⑧，举声一号，因又吐血数升，毁瘠骨立⑨，殆致灭性⑩。籍又能为青白眼⑪，见礼俗之士，以白眼对之。及嵇喜⑫来吊，籍作白眼，喜不怿⑬而退。喜弟康闻之，乃赍酒挟琴⑭造焉，籍大悦，乃见青眼。

籍嫂尝归宁⑮，籍相见与别。或讥之，籍曰："礼岂为我设邪！"邻家少妇有美色，当垆沽酒⑯。籍尝诣饮，醉，便卧其侧。籍既不自嫌⑰，其夫察之，亦不疑也。兵家⑱女有才色，未嫁而死。籍不识其父兄，径往哭之，尽哀而还。其外坦荡而内淳至⑲，皆此类也。

时率意独驾，不由径路，车迹所穷⑳，辄恸哭而反㉑。

（选自《晋书·阮籍传》，有删节）

注释:

①虽不拘礼教：虽然不受礼教拘束。籍，阮籍，魏晋时期诗人。礼教，儒家的礼仪教化。

②玄远：玄妙幽远。

③臧否（zāng pǐ）：褒贬评论。

④决赌：决胜负，赌输赢。

⑤举声一号：发声一哭。

⑥肫（tún）：小猪。

⑦诀：诀别。

⑧直言"穷矣"：只说了句"完了"。当时风俗，父母丧时，孝子要说"穷矣"。

⑨毁瘠（jí）骨立：过度哀伤，瘦得只剩骨头。瘠，瘦弱。

⑩殆（dài）致灭性：几乎死去。灭性，过于哀伤而毁减生命。

⑪青白眼：青眼指眼睛平视能看到黑眼珠；白眼指眼睛上视只见白眼珠。青眼表示欣赏，白眼表示轻视。

⑫嵇喜：魏晋时人，名士嵇康的哥哥。

⑬不怿（yì）：不高兴。

⑭赍（jī）酒挟琴：带着酒和琴。赍，拿东西送人。

⑮归宁：回娘家探亲。

⑯当垆（lú）沽酒：在店里卖酒。垆，旧时酒店里安放酒瓮的土台子。

⑰自嫌：自生疑忌，心有顾忌。

⑱兵家：军人家。

⑲淳至：非常淳朴。

⑳车迹所穷：车子走不下去了。车迹，车轮的痕迹。

㉑恸（tòng）哭而反：痛哭一场回去。反，通"返"。

【文意疏通】

阮籍虽然不受礼教拘束，但是说话玄妙幽远，不评论人物的好坏。生性非常孝敬，母亲去世，他正和人下棋，对方要求不下了，他留住对方决胜。接着喝了两斗酒，发声一哭，吐了几升血。等到母亲要下葬了，吃了一只蒸小猪，喝了两斗酒，然后去诀别，只说了句"完了"，发声一哭，于是又吐了几升血，过度哀伤，瘦得只剩骨头，几乎死去。阮籍又能作青眼和白眼，见了遵从俗礼的人，拿白眼来对待。等嵇喜来吊唁，阮籍作白眼，嵇喜不高兴地回去。嵇喜的弟弟嵇康听说了，就带了酒和琴来拜访，阮籍大喜，才现出青眼。

阮籍的嫂子曾经回娘家探亲，阮籍和她见面告别。有人讥讽他，他说："礼哪里是为我这样的人设立的呢？"邻家少妇长得很漂亮，在店里卖酒。阮籍曾经去喝酒，醉了，就躺在少妇旁边。阮籍自己没什么顾忌，少妇的丈夫看到了，也不怀疑他。有个军人家的女儿有才华又长得漂亮，没有出嫁就死了。阮籍不认识她的父兄，径直前去哭她，极尽哀伤然后回来。他外在坦荡内心淳朴之至，做的都是这一类的事。有时由着性子独自驾车，不走道路，到车子走不下去了，就痛哭一场回去。

【义理揭示】

阮籍确实是不拘于俗的。他遭遇母亲去世而喝酒吃肉，和嫂子告别，躺在邻家少妇旁边，去哭素不相识的女子，这些行为全都不符合"礼"的规范。然而，他丧母的悲痛发自内心，他对嫂子的感情坦坦荡荡，他对当垆少妇美貌的欣赏纯洁无邪，他因少女有才貌却早死而产生的哀痛之情诚恳真挚。这正是"精诚之至"的真性真情。

六 王子猷的任诞

【原文选读】

王子猷居山阴①。夜大雪，眠觉②，开室，命酌酒。四望皎然，因起彷徨，咏左思③《招隐诗》，忽忆戴安道④。时戴在剡⑤，即便夜乘小船就之。经宿方至，造门⑥不前而返。人问其故，王曰："吾本乘兴而行，兴尽而返，何必见戴！"

王子猷尝行过吴中⑦，见一士大夫家极有好竹。主已知子猷当往，乃洒扫施设⑧，在听事⑨坐相待。王肩舆⑩径造竹下，讽啸⑪良久。主已失望，犹冀还当通⑫。遂直欲出门。主人大不堪⑬，便令左右闭门，不听出⑭。王更以此赏主人，乃留坐，尽欢而去。

（选自南朝宋·刘义庆《世说新语》）

注释：

①王子猷（yóu）居山阴：王子猷住在山阴。王子猷，名徽之，字子猷，东晋大书法家王羲之的第五子。山阴，今浙江省绍兴。

②眠觉：睡醒。

③左思：西晋诗人。

④戴安道：东晋著名的雕塑家、画家戴逵（kuí），字安道。

⑤剡（shàn）：地名，在今浙江东部。

⑥造门：到了门前。

⑦吴中：吴郡（今江苏苏州）一带。

⑧施设：布置陈设。

⑨听事：客厅。

⑩肩舆：轿子。

⑪讽啸：啸咏，歌咏。

⑫通：通问，和主人互相问候交谈。

⑬不堪：难堪。

⑭不听出：不让他出去。听，听任。

【文意疏通】

王子猷住在山阴。有天夜里下大雪，他睡醒了，打开房门，命人斟酒。四面一看，到处都是洁白一片。于是起身徘徊，吟咏左思的《招隐诗》，忽然想起戴安道。当时戴安道在剡，王子猷即刻就连夜乘小船去找他。走了一夜才到，到了门口不进去就返身回来了。有人问其中缘故，王子猷说："我本是乘着兴致而去，兴致没了就回来，何必一定要见到戴安道？"

王子猷曾路经吴中，见到一个士大夫家有非常好的竹子。主人已经料到王子猷会进来看，就打扫庭院布置陈设，在客厅坐着等他。王子猷坐着轿子径直来到竹子前，欣赏吟咏了很久。主人已经觉得失望，但还是指望他走的时候能来问候交谈。王子猷却想要直接出门离开。主人非常难堪，就命令手下关门，不让王子猷出去。王子猷反而因此很欣赏主人，就留下来入座，尽欢之后才离开。

【义理揭示】

所谓任诞，是指一种任性放纵的行为方式。王子猷是彻底"跟着感觉走"的人物，兴致来了，冒雪连夜上路，兴致一去，即使到了门前也不再多走一步，掉头就回。他去看人家的竹子，完全无视主人。主人生气闭门不放他走，他反而欣赏起对方的无礼和直率。我们普通人在这个世界中，很多时候要迁就外在的条件，做出违心的选择。而王子猷的任诞做法却是不管外在条件率性而为，实在是潇洒至极。

七 郭橐驼种树

【原文选读】

郭橐驼①，不知始何名。病偻②，隆然伏行，有类橐驼者，故乡人号之"驼"。驼闻之，曰："甚善，名我固当③。"因舍其名，亦自谓橐驼云。

其乡曰丰乐乡，在长安西。驼业种树④，凡长安豪富人为观游⑤及卖果者，皆争迎取养⑥。视驼所种树，或移徙⑦，无不活，且硕茂，早实以蕃⑧。他植者虽窥伺效慕⑨，莫能如⑩也。

有问之，对曰："橐驼非能使木寿且孳⑪也，能顺木之天，以致其性⑫焉尔。凡植木之性，其本⑬欲舒，其培欲平⑭，其土欲故，其筑欲密⑮。既然已，勿动勿虑，去不复顾⑯。其莳⑰也若子，其置也若弃，则其天者全而其性得矣。故吾不害其长而已，非有能硕茂之也；不抑耗⑱其实而已，非有能早而蕃之也。他植者则不然，根拳而土易⑲，其培之也，若不过焉则不及。苟有能反是者，则又爱之太恩⑳，忧之太勤，旦视而暮抚，已去而复顾，甚者爪其肤㉑以验其生枯，摇其本以观其疏密㉒，而木之性日以离㉓矣。虽曰爱之，其实害之；虽曰忧之，其实仇之，故不我若^㉔也。吾又何能为^㉕哉！"

（选自唐·柳宗元《种树郭橐驼传》）

注释：

①橐驼（tuó tuó）：骆驼。

②偻（lǚ）：驼背。

③名我固当：这样叫我确实恰当。

④业种树：以种树为职业。

⑤豪富人为观游：要修建园林的豪富人家。

⑥争迎取养：争着迎接他到家里奉养。

⑦移徙：移栽。

⑧蕃（fán）：多。

⑨窥伺效慕：暗中观察，羡慕并仿效。

⑩如：比得上。

⑪寿且孳（zī）：活得长久并且长得快。孳，滋生，增益。

⑫以致其性：使树能实现自身的本性。致，使达到。

⑬本：树根。

⑭其培欲平：培土要平匀。

⑮其筑欲密：捣土要结实。

⑯去不复顾：离开了就不回头看。

⑰莳（shì）：栽种。

⑱抑耗：抑制减少。

⑲根拳而土易：种树的时候让树根蜷曲，又换了新土。

⑳恩：深厚。

㉑爪其肤以验其生枯：掐树的皮来看树是活还是死。

㉒疏密：树根部的土是松是紧。

㉓离：背离。

㉔不我若：“不若我”的倒装，比不上我。

㉕能为：本领。

【文意疏通】

　　郭橐驼，不知起初叫什么名字。他患了脊背弯曲的病，背突起着弯腰行走，像骆驼一样，所以乡里人叫他"驼"。郭橐驼听说后说："很好，这样叫我确实恰当。"于是就舍弃自己原来的名字，也称自己为"橐驼"。

　　郭橐驼住的地方叫丰乐乡，在长安西边。他以种树为职业，凡是长安城里要修建园林的豪富人家，以及那些卖水果的人，都争着迎接他到家里奉养。看看郭橐驼种的树或移植的树，没有不成活的，而且长得高大茂盛，结果实又早又多。别的种树人虽然暗中观察，羡慕仿效，也没有人能比得上他。

　　有人问他原因，他说："我郭橐驼不是能够使树木活得长久并且长得快，只是能顺应树的天性，使树能实现自身的本性罢了。大凡种树的情况，树根要舒展，培土要平匀，埋根要用旧土，捣土要结实。已经这样栽完了，不要再动再担忧，离开了就不要回头看。栽种时要像对待子女一样细致，栽好后放到一边如同抛弃不管了一样，那么树木的天性就得以保全，习性就得以实现。所以我只是不妨害树的自然生长罢了，并不是有本领让树长得高大茂盛；只是不抑制减少树木结出果实罢了，并不是有本领让树结果实又早又多。别的种树人却不是这样，种树的时候让树根蜷曲，又换了新土；培土的时候，不是力度过了，就是力度不够。如果有能和这种做法相反的人，却又对树木爱得过深，担忧得太多，早上刚去看了晚上又去抚摸，已经离开了又要回头看，甚至会掐掐树皮来看树是活还是死，摇动树根来看土是松还是紧，这样一天天过去，越来越忽视背离树木的天性。虽然说是爱它，实际却是害了它；虽然说是担忧它，实际却是仇视了它，所以这样种树的人都比不上我。我又有什么特别的本领呢？"

【义理揭示】

以生理缺陷来称呼别人，这是具有侮辱性的。郭橐驼却丝毫不生气，甚至自己接受了"橐驼"这个名字，这说明他视生理缺点为自我的本真而予以接受。他种树的道理，可以迁移到教育、政治等各个层面。从修身养性的角度来说，人不管对待自我还是对待他人，既不能太关注，又不能不关注。该有为时不要不为，该无为时不要妄为。而所有的做法，最终目的都是顺万物之"天"，"以致其性"。

八 李贽的童心说

【原文选读】

夫童心者，真心也。若以童心为不可，是以真心为不可也。夫童心者，绝假纯真，最初一念之本心也。若失却童心，便失却真心；失却真心，便失却真人。人而非真，全不复有初①矣。童子者，人之初也；童心者，心之初也。夫心之初曷②可失也？然童心胡然而遽失③也？盖方其始④也，有闻见从耳目而入，而以为主于其内⑤而童心失；其长也，有道理从闻见而入，而以为主于其内而童

心失。

童心既障，于是发而为言语，则言语不由衷⑥；见而为政事⑦，则政事无根柢⑧；著而为文辞，则文辞不能达。非内含以章美⑨也，非笃实生辉光⑩也，欲求一句有德之言，卒⑪不可得，所以者何⑫？以童心既障，而以从外入者闻见道理为之心也。夫既以闻见道理为心矣，则所言者皆闻见道理之言，非童心自出之言也，言虽工，于我何与⑬？岂非以假人言假言，而事假事、文假文⑭乎？盖其人既假，则无所不假矣。

（选自明·李贽《童心说》，有删节）

注释：

①全不复有初：完全不再有最初的本性了。

②曷（hé）：何，怎么。

③胡然而遽失：为什么突然失去了。

④方其始：在开始的时候。方，正当。

⑤以为主于其内：把它作为自己内心的主宰。

⑥由衷：发自内心。

⑦见而为政事：体现为处理政事。见，通"现"。

⑧根柢（dǐ）：根基，基础。

⑨非内含以章美：不是内心具有的就不能彰显美好。内含，内心具有。章美，彰显美好。

⑩非笃（dǔ）实生辉光：不是诚实真挚的就无法发出光辉。

⑪卒：最终。

⑫所以者何：原因在哪里呢？

⑬何与（yù）：何干，有什么关系。

⑭文假文：写假的文章。

【文意疏通】

童心就是真心。如果认为不该有童心，那就是认为不该有真心。童心，是没有任何虚假纯朴真挚的、人最初一念的本真之心。如果失掉童心，就是失掉真心；失掉真心，就不是纯真的人。作为人而不能做到纯真，就完全不具有最初的本性了。儿童，是人生的本原状态；童心，是心灵的本原状态。心灵的本原怎么可以遗失呢？那么，童心为什么突然失去了？这是因为，在开始的时候，从耳目获得了一些见闻，就把它作为自己内心的主宰，这样童心就失去了；长大之后，又从见闻中学到了一些道理，就把它作为自己内心的主宰，这样童心就失去了。

童心一旦被蒙蔽了，说出话来，就不会发自内心；体现为处理政事，政事就没有根基；写成文章，文辞就不能畅达。不是内心具有的就不能彰显美好，不是诚实真挚的就无法发出光辉。这样想要找到一句有道德的真话也做不到。为什么呢？是因为童心已被蒙蔽，而把从外部得到的闻见道理当成了自己的心。既然已经把闻见道理当成了自己的心，那么说的话就都是闻见道理的一类，而不是自然而然出自童心的话。就算说得漂亮，和我又有什么相干？这难道不是虚假的人在说假话，又办假事、写假文章吗？人一旦虚假，所做的一切就无不虚假了。

【义理揭示】

在明代思想家李贽看来，童心就是真心。他反对"假"提倡真，热情赞美通俗文学，引领了明末思想界和文学界个性解放的潮流。他认为，当人在成长过程中学到的"闻见道理"主宰了自我，就会失去童心。"闻见道理"主要指已经僵化的那些儒家教条。李贽甚至说过六经是"假人之渊薮"这样"大逆不道"的话，以致后来被以"惑世诬民"的罪名逮捕，自杀身亡。

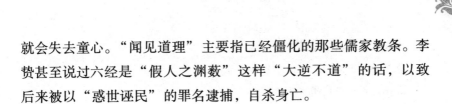

九 龚自珍疗梅

【原文选读】

江宁之龙蟠①，苏州之邓尉②，杭州之西溪③，皆产梅。或曰："梅以曲为美，直则无姿；以欹④为美，正则无景；以疏为美，密则无态。"固也。此文人画士，心知其意，未可明诏大号以绳天下之梅⑤也；又不可以使天下之民斫直⑥，删密，锄正，以夭⑦梅病梅为业以求钱也。梅之欹之疏之曲，又非蠢蠢⑧求钱之民能以其智力为也。有以文人画士孤癖之隐⑨明告鬻梅者，斫其正，养其旁条，删其密，夭其稚枝，锄其直，遏⑩其生气，以求重价，而江浙之梅皆病。文人画士之祸之烈至此哉！

予购三百盆，皆病者，无一完者。既泣之三日，乃誓疗之：纵之顺之，毁其盆，悉埋于地，解其棕缚⑪；以五年为期，必复之全之。予本非文人画士，甘受诟厉⑫，辟病梅之馆以贮⑬之。

呜呼！安得使予多暇日，又多闲田，以广贮江宁、杭州、苏州之病梅，穷予生之光阴以疗梅也哉！

（选自清·龚自珍《病梅馆记》）

注释：

①江宁之龙蟠：江宁的龙蟠里。江宁，江宁府，治所在今江苏南京。龙

蟠，今南京清凉山下龙蟠里。

②邓尉：山名，在今江苏苏州西南。

③西溪：位于杭州市区西部。

④欹（qī）：倾斜。

⑤明诏大号以绳天下之梅：公开宣告，大声号召来约束天下的梅树。绳，约束。

⑥斫（zhuó）直：砍伐直枝。

⑦夭：摧折。

⑧蠢蠢：愚昧无知的样子。

⑨孤癖（pǐ）之隐：隐藏心中的病态嗜好。孤癖，独特的偏好。隐，隐衷，隐情。

⑩遏（è）：遏制。

⑪棕缚：棕绳的束缚。

⑫诟（gòu）厉：指责辱骂。

⑬贮（zhù）：储存。

【文意疏通】

江宁的龙蟠里，苏州的邓尉山，杭州的西溪，都产梅。有人说："梅树以枝干弯曲为美，直了就没有风姿；以枝条倾斜为美，端正了就没有景致；以枝叶稀疏为美，茂密了就没有姿态。"本来就如此。这对文人画家来说，虽然内心知道，却不便公开宣告、大声号召来约束天下的梅树；又不能让天下种梅的人砍掉直枝、去掉繁密的枝叶、锄掉端正的枝条，摧折梅树使它们呈现病态作为职业来谋求钱财。梅的倾斜、疏朗、弯曲，又不是那些无知的只求赚钱的人能够凭借自己的智慧、力量办得到的。有人把文人画士这种隐藏心中的病态嗜好明白地告诉卖梅树的人，他们于是砍掉端正的枝干，培养出侧枝，除掉繁密的枝叶，摧折嫩枝，锄掉笔直的枝条，遏制梅树的生机，来求得卖个高价，于是江苏、浙江的梅都成病态了。文人画家造成的祸害严重到了这个程度啊！

我买了三百盆梅，都是病梅，没有一盆是完好的。我为它们哭泣了三天，于是发誓治好它们：放开枝条，顺其自然，毁掉盆，全都种在地里，解开棕绳的束缚；拿五年作为期限，一定使它们恢复，使它们变得健全。我本来就不是文人画士，甘愿受辱骂，开设病梅馆来储存它们。

唉！怎么能让我多一些空闲的时间，又多一些空闲的田地，来广泛储藏江宁、杭州、苏州的病梅，竭尽我毕生的时间来治疗它们呢！

【义理揭示】

本文以梅喻人，托物言志。文人画士的病态审美倾向，加上世人的迎合，最终导致梅花被人为地摧折。这种养梅的方式和郭橐驼种树的方式恰成对比。龚自珍要解救梅花，就是要去掉束缚，使之按天性成长，这传达出反对束缚摧残、向往人格自由的思想。

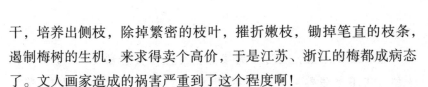

十 贾宝玉的愚顽

【原文选读】

后人有《西江月①》二词，批宝玉极恰，其词曰：

无故寻愁觅恨，有时似傻如狂。纵然生得好皮囊②，腹内原来草莽。潦倒③不通世务，愚顽怕读文章④。行为偏僻性乖张⑤，那⑥

管世人诽谤!

富贵不知乐业，贫穷难耐凄凉。可怜辜负好韶光⑦，于国于家无望。天下无能第一，古今不肖⑧无双。寄言纨袴与膏粱⑨：莫效此儿形状⑩！

(《红楼梦》第三回)

湘云⑪笑道："还是这个情性不改。如今大了，你就不愿读书去考举人进士的，也该常常的会会这些为官做宰的人们，谈谈讲讲些仕途经济⑫的学问，也好将来应酬世务，日后也有个朋友。没见你成年家只在我们队里搅些什么！"宝玉听了道："姑娘请别的姊妹屋里坐坐，我这里仔细污了你知经济学问的。"袭人⑬道："云姑娘快别说这话。上回也是宝姑娘⑭也说过一回，他也不管人脸上过的去过不去，他就咳了一声，拿起脚来走了。这里宝姑娘的话也没说完，见他走了，登时羞的脸通红，说又不是，不说又不是。幸而是宝姑娘，那要是林姑娘⑮，不知又闹到怎么样，哭的怎么样呢。提起这个话来，真真的宝姑娘叫人敬重，自己讪⑯了一会子去了。我倒过不去，只当他恼了。谁知过后还是照旧一样，真真有涵养，心地宽大。谁知这一个反倒同他生分⑰了。那林姑娘见你赌气不理他，你得赔多少不是呢。"宝玉道："林姑娘从来说过这些混帐话不曾？若他也说过这些混帐话，我早和他生分了。"

(《红楼梦》第三十二回)

注释：

①西江月：词牌名。

②皮囊：指人的身体。佛教认为人的肉体只是为灵魂提供暂时住所，像皮口袋一样。

③潦倒：举止散漫，不自检束。

④文章：这里指和科举考试有关的诗文。

⑤行为偏僻性乖张：行为不端正，性子偏执。偏僻，偏激，不端正。乖张，偏执，不驯顺。

⑥那：哪。

⑦韶（sháo）光：时光。

⑧不肖：不才。

⑨纨袴（wán kù）与膏粱：借指富贵子弟。纨袴，细绢做成的裤子。膏粱，肥肉和细粮。

⑩形状：样子。

⑪湘云：史湘云，贾母娘家的侄孙女，贾宝玉的表妹。

⑫仕途经济：做官治理国家。经济，经世济民，治理国家。

⑬袭人：贾宝玉的丫鬟。

⑭宝姑娘：薛宝钗，贾宝玉的姨家表姐。

⑮林姑娘：林黛玉，贾宝玉的姑家表妹。

⑯讪（shàn）：不好意思，难为情的样子。

⑰生分：对人不亲热，冷淡疏远，

【文意疏通】

后人有《西江月》词两首，评点贾宝玉极为恰当，是这样说的：

无缘无故寻找忧愁遗憾，有的时候像是傻又像是狂。即使外表漂亮，肚子里都是草莽。散漫随意不通达有益世俗的事务，愚昧顽劣不愿读有益科举的文章。行为不端，性子偏执，哪里会管别人的诽谤！

富裕显贵时不能安心做事，贫穷困顿时又受不了孤寂悲凉。可叹荒废了好时光，对国家对家庭都没有什么作出贡献的指望。要论无能他天下第一，说到不才他古今无双。要告知那些富家儿郎，千万别学这家伙的样！

【义理揭示】

作为小说《红楼梦》中的主要人物，贾宝玉身上寄托着作者曹雪芹的人格理想。自古以来，地位以及由地位而来的财富值得追求，这是这个世俗世界通行的价值观。贾宝玉偏偏背叛这个价值标准，整天在女孩子堆里，不肯攻读科举。史湘云等人劝宝玉去追求"仕途经济"，他却说这是"混账话"。他前世本该补天却没有用上，是"无能"；这一世不追求世俗的成功，是"不肖"。但是林黛玉却是他的知己，他们一起背叛这个世界功利的价值观，一起不务"正业"，而去追求爱与美的理想。这也就是贾宝玉和林黛玉爱情的思想基础。

文化倾听

本章所说的"法天贵真"，意思是效法自然之道，以回归自我的本性为贵。"法天"，用《老子》中的话来解释就是"人法地，地法天，天法道，道法自然"。天地本无为，而万物不必借助外在力量，只需要随其本性，就能蓬勃生长。所以，顺其自然就是天道运作的特点。在庄子看来，"人"和"天"的区别就在于是否能随顺万物的本性。《庄子·秋水》中说："牛马四足，是谓天；落马首，穿牛鼻，是谓人。"牛马有四脚，和人无关，这就是天性。而

给马套上笼头，穿牛鼻子系缰绳，则违背了牛马的本性，是人为的举动。所以庄子提出"无以人灭天"，"谨守而勿失，是谓反其真"。

对这一观点，后世多有阐发。像唐代柳宗元的《种树郭橐驼传》中所说的"顺木之天，以致其性"，就是效法自然，使树能按本性生长。而不管是"根拳而土易"还是"爱之太恩，忧之太勤"，都是违背树木天性的行为。两种做法，正好分别对应了庄子所说的"天"和"人"。柳宗元对于郭橐驼的赞美，实际体现出他对"法天贵真"思想的认同。

庄子又用"天机"的概念指代万物的本真。万物各自有各自的天机，只要顺自己的本性而动即可，没有必要羡慕他人。比如夔、蛇、风、目、心，只要各自持守自己的天机，就是"反其真"，并没有高下之分，自然不必互相羡慕。按照这一理论，从修身养性的角度来看，每个人都有自己的不同情况，接受自我，按照自己的方式去实现自我，就能做到"反其真"。而羡慕他人，追求不属于自己的东西，以至于违背自己的本心，这是愚蠢的行为。

"真"还意味着真性情。《庄子·渔父》中把精诚之至而发的情感叫作"真"，法天贵真的圣人不会被世俗拘牵，不会在乎世俗的"礼"。这一观念指导了阮籍、嵇康等魏晋名士的言行。所以阮籍要说"礼岂为我辈设邪"，嵇康《养生论》中则提出"越名教而任自然"。王子猷雪夜访戴、吴中赏竹，又暗示出有真性情者举动都不会违背自己的内心，即使这些举动在世俗之人的眼中简直不可理喻。

但是作为一个存在于社会中的个体，不能不受到来自社会的种种制约。"不拘于俗"的提法，本身即意味着世俗的规范往往会束缚人的天性。正是这些规范催生了与"真情"相对的虚伪。像明代思想家李贽提倡"童心说"，他把"童心"定义为"绝假纯真，最初一念之本心"，其对立面便是"假言""假事""假文"。再如清代龚自珍在《病梅馆记》中以梅为喻，激烈地批判了社会规范对人性的摧残。曹雪芹在小说《红楼梦》中，则通过对贾宝玉这样的叛逆者形象的塑造，把矛头指向了整个社会通行的以"仕途经济"为贵的价值标准。总之，在社会规范的力量过于强大，以致禁锢思想扭曲人性的时代，道家的"贵真"观念，往往就成为思想家们批判现实的有力武器。

老子、庄子都激烈地批评儒家提倡的仁义。老子说："大道废，有仁义；智慧出，有大伪；六亲不和，有孝慈；国家昏乱，有忠臣。"庄子说："毁道德以为仁义，圣人之过也。"仁义是外在于人的自然本性的东西，仁义兴起是社会远离天道的表现。在仁义道德僵化为一种强制的伦理规范，因而扼杀人性的时候，老庄的观点便特别能引起人们的共鸣。所以，近现代思想史上对"吃人的礼教"的批判，对个性解放的提倡，都可以在传统的道家学说中找到依据。像新文化运动时期被誉为"只手打倒孔家店"的吴虞的学说，就深受道家思想的影响。

与禁锢人性自由的社会相对，庄子提出了理想社会的模型。这一社会首先是无为而治的，各种生灵都能得其天机。东汉王充《论衡》继承这一点，强调了"无为"的统治方式。其次，引人注目的是，在庄子的"至德之世"中，人是混同于鸟兽的。这也就意味着，人不但是社会中的人，还是天地中的人。一个人修身养性，回归天性自然，最终应该能和万物共生共存、和睦相处。人必须去除认定自己是万物灵长的傲慢，以控制与奴役其他物种为非，才可能达到合于天道的至善之境。

文化传递

　　吴虞（1872—1949）主要活跃于辛亥革命后，尤其是新文化运动时期。在近代启蒙思想史上，他以弘扬老庄道家思想的现代意义而独树一帜。他激烈批判旧礼教、旧道德，于五四运动前后在《新青年》杂志上发表《吃人与礼教》《家族制度为专制主义之根据论》等文章，被称为"只手打倒孔家店的英雄"。因此被胡适称为"中国思想之清道夫"。

　　不同于当时许多引介西学的思想家，吴虞的理论武器来自本民族的传统文化，其中以老子、庄子和陶渊明等为代表的道家思想，占据十分显要的地位。礼教道德，是庄子激烈批判的人为之"伪"。僵化的道德教条，往往禁锢人性。吴虞列举从《左传》到《唐书》等多部史书中的吃人事件，批评儒家礼教的残忍。他的《道家法家均反对旧道德说》，利用道家和法家的理论对儒家道德进行批评。他在《消极革命之老庄》中，甚至把道家看作革命派而加以推崇。

　　吴虞对道家的逍遥、贵真等理论可谓心向往之。他在北京大学等学校开设与道家相关的课程。他把自己的诗作结集编为《秋水集》，显然取自《庄子》一书中的《秋水》篇。他给朋友邓寿遐的《灯赋》作序说："《达生》结集，当无忏悔之文；《庄子》称经，唯得逍遥之趣。"

　　吴虞的生活态度也处处可见道家的影响。他处在困境中时，常把自己比作《庄子》书中的渔父："诗酒逍遥自在身，数间茅屋隔风尘。沧浪鼓枻同渔父，记取东山李道人。"陶渊明式隐居避世的日子，是吴虞一直怀想的。1893 年他和父亲因为财产问题发生冲突后，曾和夫人一起过了一段种菜读书的隐居生活，他后来这样追忆："读书毕，静坐一二小时，觉静中味甚长，颇有余趣。诸葛公所称'澹泊宁静'，斯倘其小效欤？"

吴虞在新文化运动中的表现以及他的日常生活态度，自然有着时代的因素和个人独特生活经历的原因。但是，道家"法天贵真"思想启发并支撑了他，是不争的事实。而只要束缚人性的势力存在，不管处在何种时代，不管有着何种个体经历，道家的此种精神总有其存在意义。

文化感悟

1. "法天"与"贵真"之间的关联是什么？

2. "天机"和今天我们所说的个性有何异同？

3. 儒家强调以礼规范人们的行为，道家强调回归自然本性。我们在修身养性的过程中，应遵循哪一种学说？请以此为话题，组织一个小型的讨论会。